JN026584

この世界を創った奇跡のパラメータ22

なぜか宇宙はちょうどいい

松原隆彦

まえがき

私たちは毎日この世界を当たり前のように生きています．世界が存在するなんて当たり前のことであって，そこに疑問を差しはさむ余地などないように思うかもしれません．しかし，決してそんなことはありません．私たちが生きているこの世界が存在することは，物理的に見れば奇跡の賜物なのです．この世界を支配する法則がちょっとでもずれていたら，私たちはこの世界に存在することはなかったのです．どうしてそのようなことが言えるのか，具体的に詳しく解説したのが本書です．

物理学者にはよく知られているのですが，「宇宙の微調整問題」というものがあります．宇宙は物理法則に支配されていますが，その法則には実験でしかわからず，理論的には定めることのできない定数，あるいはパラメータと呼ばれる数値が含まれています．そのようなパラメータには，素粒子の質量や基本的な力の大きさを決める定数，そして宇宙の性質を決めるいくつかの宇宙論パラメータなどがあり，基本的な法則におけるそうしたパラメータが数十個ほど知られています．

それらのパラメータの値の多くは，どれか一つでも少し変わっただけで，この世界をまったく違うものにしてしまいます．そのような世界では生命の生存が困難になり，したがって，私たちが生まれることもなかったと考えられるのです．まるで誰かがつまみを回して故意にいまの宇宙を誕生させたかのように，絶妙なバランスで微調整されています．どうしてそのように都合のよいパラメータの値が選ばれているのか，というのが宇宙の微調整問題です．このことは，宇宙に興味のある人だったら聞いたことがあるかも知れませんね．しかし，これらの定数が実際に少し変わるとどんな世界になってしまうのかということは，あまり知られていないようです．

そこで，本書では具体的にどのようなパラメータが知られているのか，そして，それらを少しいじってみるとどんな変化が生じるのかを，イラストを交えながらイメージしやすい構成で紹介してみました．物理法則や物理定数というのは，一見するととっつきにくいものばかりかもしれません．しかし，こうして具体的な性質を見ていくと，より身近に感じられるようになると思います．そして，自分でパラメータのつまみを回してみるとどのような世界になるのかをシミュレーションしているような気分になるかもしれません．そのことを通じて，この宇宙がどうして存在するのだろうかという宇宙の神秘に思いを馳せることができるでしょう．

なお，本書の内容は『月刊天文ガイド』2018年9月号から2020年4月号に連載された「宇宙を創る法則」をまとめ直して単行本化したものです．

CONTENTS

Chapter 01

宇宙の微調整問題

私たちが存在する宇宙空間

宇宙というのは不思議な存在だ．人が宇宙に魅せられる一つの理由は，宇宙そのものの不思議さにあるだろう．

宇宙は私たちの日常生活とは別世界のように感じられる．しかし，夜空を眺めれば，それはすぐに実感できる．また，宇宙は見た目以上に広大だ．その広大さを知って気が遠くなり，思考停止に陥ってしまった経験を持っている方もいるかもしれない．

だが，宇宙は紛れもなく私たちが住んでいる地上世界から連続的につながった世界だ．私たちの身の回りの空間と宇宙との間に明確な境界はない．もし空へ向かってどこまでも上昇していくことができたなら，いつの間にか宇宙にいることに気がつく．県境を示すような標識がどこか空中に浮いていて，表に「宇宙」，裏に「地上」と書いてあることもない．

つまり，この世界はすべてが一体となった宇宙という大きな器の中に存在していて，私たちが日々を過ごしている生活空間も，夜空に広がる星ぼしの世界も，さらにはその奥，銀河系の外に広がる気が遠くなるような広大な空間も，すべて一体となっているのが宇宙なのだ．

宇宙を支配する物理法則

宇宙に存在するすべてのものは，物理学の法則にしたがっている．例外はない．地上で起きるできごとも，宇宙で起きるできごとも，どちらも同じ物理法則で理解できる．このことを初めて明らかにしたのが，近代物理学の創始者で万有引力

の法則を発見したアイザック・ニュートンだ.

ニュートンの万有引力の法則とは，2つの物体の間に必ず引力が働く，というものだ．だが，ふつうに生活している限り私たちにはいまひとつ実感がわかない．それは，その力が私たちに感じられないほどあまりに弱いからだ.

万有引力の法則で働く力は，物体が重ければ重いほど強くなる．たとえば，砲丸投げに使うような5kgの鉄の玉を2つ手

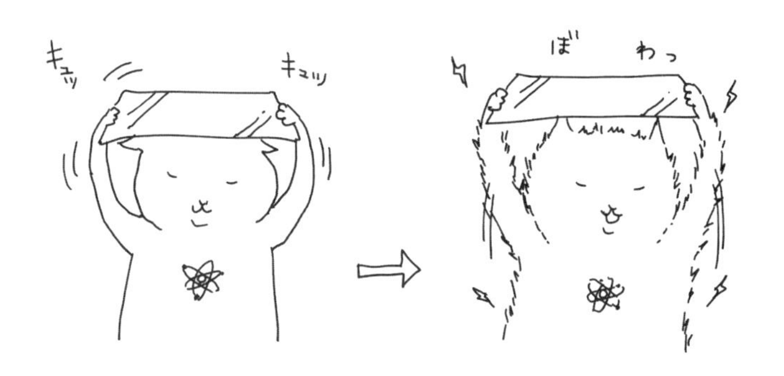

静電気の力により，重力に逆らって髪の毛を逆立てることもできる.

電気力と重力の力の差は桁違いである．なお，その差は陽子と陽子の間に働く重力については36桁だが，陽子と電子の間に働く重力はそれより3桁小さいので39桁になる．

に持って，20cmほどに近付けてみよう．

すると，その間に働く万有引力の力はほぼ4マイクログラム重．塩1粒を25分の1にした重さと同じ力だ．これではとても人間には感じられない．地上に立っていられるのは重力のためと誰もが知っているが，そんなにも弱い重力を私たちの体が大きな力として感じられるのは，それが地球という巨大な物体との間に働いているためである．

一方，電気力や磁気力は重力にくらべて桁違いに大きい．冬にセーターを脱ぐと，静電気で髪の毛が乱れて困った経験があるだろう．また，2つの小さな磁石を持って近付けてみるだけで，簡単に磁気力を感じることができる．

電気力や磁気力を使えば，簡単に重力に逆らって物体を持ち上げることができる．重力は地球という巨大な物体が引っ張っているにも関わらず，小さな物体同士に働く電磁気力はそれをゆうゆうと上回る．

その力の大きさはどれほど違うのか．比較の基準として，陽子2つに働く電気力の強さと重力の強さをくらべてみる．すると，電気力の方が重力より36桁も大きいのだ．すなわち，1兆倍の1兆倍のそのまた1兆倍である※1．

宇宙の物理法則が人間にとって都合がいいのはなぜか？

なぜ電気力と重力の大きさがこんなにも桁違いに違うのか，そこに根本的な理由はない．物理法則としては，こんなに桁違いでなくても不都合はなかったはずだ．だが，重力が電気力よりこれほど桁違いに小さいことは，生命が生きるのに必須の条件なのだ．

それにはいくつかの理由があるが，身近な例でいうと，重力が大きくなれば人間が立って歩けなくなる．人間は重力を電気力によって支えている．物体が形を保っていられるのは，物体を形作っている原子の間に働く電気力による．もし実際よりも電気力が小さいか，重力が大きいかして，電気力と重力の比が36桁より小さければ，重力を支えるため人間には巨大な太い足が必要となってしまうだろう．その比が現実より何桁も小さければ，人間のような動物は這い回ることさえできないはずだ．つまり，人間の重力を適度な大きさの足で支えるのに，電気力の強さがちょうどよいのだ．

これはあくまで一例である．実際には，電気力と重力の比を変えると，星の進化や宇宙全体の進化に重大な影響が現れて，世界の姿をまったく違うものにしてしまい，そんな宇宙では生命の誕生する見込みがかなり薄いものになってしまうだろう．

電気力と重力の比は，ニュートンの万有引力の定数と，電子が持つ電荷である電気素量という定数で決まっている．これらの定数は，実験・観測により測定して得られる値であるが，どうしてそのような値になるのかは理論的に説明できないものである．

このように測定によってのみ決められる自然界の定数はほかにいくつもあり，物理定数とよばれている．万有引力の法則をはじめとして，物理の法則にはこうした物理定数が必ず含まれている．理論的には，物理定数がある特定の値になる必然性は見当たらない．たとえば，電気素量が今の何倍，もしくは何分の1といった世界が生まれていてもいいはずだった．その値は実験で決めることしかできないのだ．

このように理論的に決められない数値のことを，「パラメータ」とよぶ．パラメータはどんな値であってもよいと思われるが，なぜかこの宇宙ではある一つの値に決まっている．それは理由なき値だ．

物理定数のほかにも，この宇宙を規定する特徴的なパラメータがいくつかある．たとえば，この宇宙全体に存在する物質の量などだ．こうした値も，どうしてある特定の値になるのかというはっきりとした理由は見つかっていない．宇宙を規定するパラメータは宇宙論パラメータとよばれている．これらの値にも理論的な理由はなく，測定して決めるしかない．

微調整されたかのようなパラメータ

自然界には，このようなパラメータがいくつもある．その中のいくつかは，値を少しでも変えるとこの世界をがらりと変えてしまい，宇宙に生命が誕生できなくなることが知られている．

自然界のパラメータは，なぜかこの宇宙に生命を誕生させるように微調整されている．神様がパラメータを自由に変えられる機械を持っていて，宇宙に生命が誕生するように細かく調整している姿が思い浮かんでしまう．

この宇宙が誕生したとき，なぜそんな都合のよい微調整がとり行われたのか，現状の物理学の中には答えがない．これを「宇宙の微調整問題」とよぶ．

微調整問題を追及すると，この宇宙の存在そのものに対する疑問に行き当たる．それは，どうしてこの宇宙が作られたのか，という疑問だ．

私たちの宇宙におけるパラメータの値に必然性がないのなら，別のパラメータの値を持つ宇宙があっても物理法則の面からは問題ない．論理的には，そんな宇宙も矛盾なく存在可能だ．では，なぜ現実の宇宙は，このような宇宙なのか．

このような疑問には今のところ科学的に答えが出せないことから，宇宙の微調整問題を論じようとすると科学と科学でないものの境界線上にさまよい込む．このため，伝統的な科学としてはあまり真面目に取り上げられることはなかった．だからといって，微調整問題が解決すべき問題であることに違いはない．

微調整問題を無視して与えられた値をあるがままに受け入れる，という仏教的な態度もあるかもしれないが，現状の科学で解明できない問題を棚上げにしているという面は否定できない．本来なら，解決へ向けて進むべきであり，そうすることによってさらに自然界の深い理解に到達できるかもしれないのだ．

現代的な物理学の研究では，宇宙自体の創生にまつわる問題が取りざたされている．宇宙がどうして存在できるようになったのか，今のところ，その確実な答えが得られるというには程遠い状態だが，さまざまな考えのもとに研究が進められている．

こうした研究では，宇宙の微調整問題を無視して通るというわけにはいかない．宇宙が作られるとき，宇宙のパラメータも同時に定まるべきだからだ．宇宙の微調整問題は，私たち宇宙の根本的な存在理由に直結している．

マルチバース論で微調整問題も解決？

宇宙の微調整問題を考えるときに自然に行き着く考えの一つは，宇宙が複数あるのではないかという可能性だ．多重宇宙，もしくはマルチバースとよばれる考え方である．

マルチバースの考え方では，宇宙は無数にたくさん存在する．その一つ一つの宇宙ではパラメータの値が異なっていると考える．適当にパラメータを選んで作った宇宙に生命が生まれる見込みはほとんどないだろう．だが，無数の宇宙でさまざまな組み合わせのパラメータが実現していれば，いくら少ない割合であっても，どこかに生命の誕生できる宇宙ができる．そこにたまたま私たちが住んでいることになる．

私たちは宇宙に生きているのだから，生命の誕生する宇宙にしか存在することはできない．この場合，なぜ宇宙が生命に都合のよいものになっているのか，という疑問に対しては，そういうところでしか私たちが生きられないから，というのが答えになる．

これはちょうど，なぜ私たちが地球上に住んでいて，何もない宇宙空間に住んでいないのかという疑問と同じだ．それはもちろん，地球上でしか私たちが生きられないからだ．

マルチバース論が正しく，充分に多様な宇宙が無数に存在するならば，宇宙の微調整問題はこうしていとも簡単に解けてしまう．だが，果たしてマルチバースは存在するのか？

微調整問題の解決としてマルチバースを想定することには，少し安易なところもある．この説が本当に正しいと確信できるためには，マルチバースの存在を直接的に示す証拠が必要だ．別の宇宙へ通じる時空のトンネル，ワームホールを作ることなどによってマルチバースを検証できる日がくるのだろうか．

もちろん，マルチバースは存在しないかもしれない．私たちの宇宙が唯一の存在だとすると，微調整問題は難問だ．だが宇宙は観測されて初めて存在するという考え方もあり得るのだ．この考え方は，ミクロの世界を物理的に記述する「量子力学」の考え方からくる．

米国の物理学者ジョン・アーチボルト・ホィーラーによると，宇宙が何らかの知的な生命によって観測されない限り，宇宙は存在しないのだという[※2]．もしそうなら，知的生命の生まれる宇宙しか存在し得ない．果たしてこちらが真実なのだろうか？

ちょっと話が遠くまで来過ぎてしまった．具体的にこの宇宙にどのようなパラメータがあるのか，そのパラメータがどういう役割を担っているのか，次の章から具体的にのべていこう．

※1　自然界には4種類の力が知られていて，その中で一番身近な力が重力と電磁気力であるためここで例に出した．ほかの力についても以降で解説していく．

※2　J. A. Wheeler, ‘Information physics, quantum; The search for links’, in Complexity, Entropy, and the Physics of Information, SFI Studies in the Sciences of Complexity, vol. VIII, W. H. Zurek (ed.) , Addison-Wesley (1990)

Chapter | 02 |

真空中の光速度：c

とても速い光速度

この世界をつかさどる法則に含まれている数のうち，もっとも基本的なものの一つが真空中の光速度だ．それはcという記号で表され，その値は

$$c = 299792458 \text{ m/s}$$

である．つまり1秒間に約30万km進む速さだ．地球1周が約4万kmだから，光速度は1秒間に地球7周半分進む速さ，とよく説明される．

だが，筆者はこの説明を子どものころに聞いたとき，何だか違和感を覚えた．なぜなら，子ども心に光が地球をぐるぐると7周半回る様子を思い浮かべてしまったからだ．光はまっすぐ進むのではなかったのか．

この説明を聞くときには，地球が丸いことを忘れなければいけなかったのだ．このようないい方はやめて，地球を並べて何個分という方がよいと思う．するとだいたい23.5個分

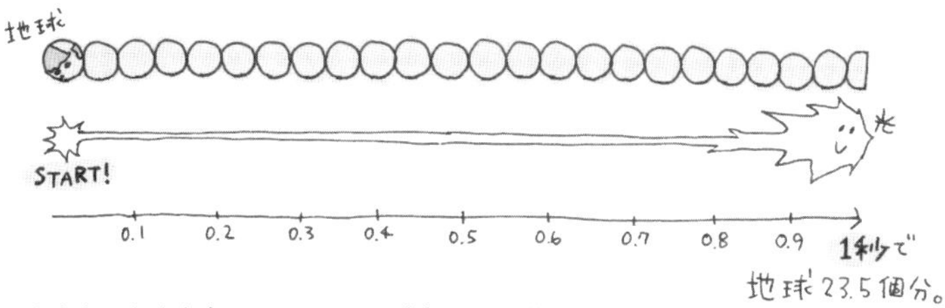

真空中の光速度（c=299792458m/s）では，1秒間に地球23.5個分の距離進むことができる．

になるが，ちょっと切りの悪いことは否めない．

それはさておき，光速度は日常生活の感覚からするととんでもなく速い．人間にとっては一瞬で伝わるといってよいくらいだ．なぜこの速さなのか，その理由は物理学の中にはない．測定したらこの速さだったのであり，それ以上の理由を理論的に導き出すことはできないことは，チャプター1でのべたように物理パラメータに共通する性質だ．

光は物質の中を通るときと真空中を通るときとで，その速さが異なる．本書では，光速度といったらつねに真空中の光速度のことを意味するものとする．

メートルの定義と光速度

光速度の値はもともと実験して決める測定値だったが，1960年からはそうでなくなった．それ以前は，1mの長さを決めるのにメートル原器とよばれる世界に1つしかない棒を使っていたのだが，1960年より光速度を使って決めるようになったからだ．

真空中で測った光速度は，誤差を除けば誰が測っても同じ値になる．そこで，1秒間に真空中を光が進む長さの299792458分の1を1mと定義するようになったのだ．したがって，光速度の値には誤差がなく，きっかりと冒頭に掲げた値になる．

このような中途半端な数が採用されているのは，それまで使われてきた1mの定義とできるだけ食い違わないようにするためだ．わかりやすく300000000m/s（30万km/s）とすれば覚えやすくて便利だったかもしれない．だが，そうすると1m

の長さが0.7mmほど短くなってしまい混乱を招く．世界を牛耳る独裁者でもない限り，そんな変更はできなかっただろう．

時間や空間は共通の尺度ではない

光速度は誰が測ってもまったく一緒だ．これは思った以上に常識外れなことを意味している．なぜなら，静止しながら測っても，光の進行方向に追いかけながら測っても，逆に進行方向から遠ざかりながら測っても，いつも同じ光速度が測定されるからだ．通常は物体を追いかけながら測れば本来の速さよりも遅くなるし，逆方向に遠ざかりながら測れば本来よりも速くなる．だが，光についてはその常識が通用しない．

一見矛盾しているように見えるが，この問題はアインシュタインが相対性理論を発見して解決した．時間や空間自体が万人にとって共通の尺度ではないことが明らかになったのだ．

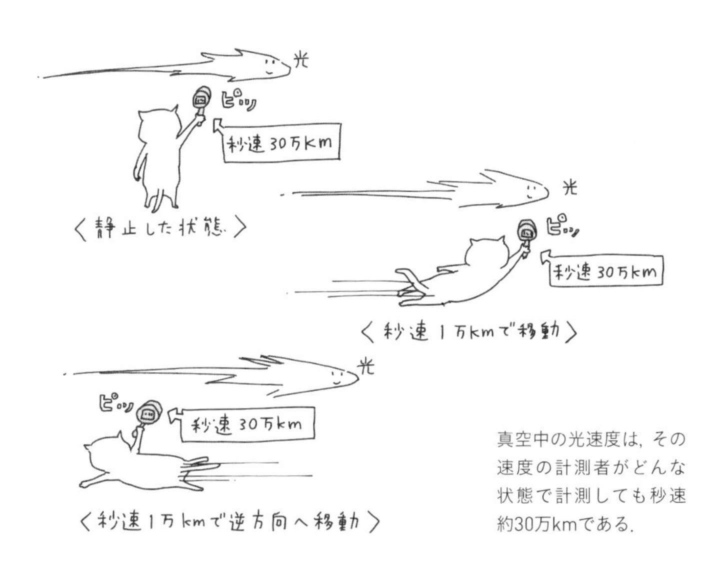

真空中の光速度は，その速度の計測者がどんな状態で計測しても秒速約30万kmである．

相対性理論による時空間の性質によって，物体が光速を超えて移動したり，また光速を超える速さで情報伝達をしたりすることはできないことも明らかになった．電気信号が電線を伝わる速さも光速に近い．だが，電気信号が光速を超えることはない．

光速度が現実とずれていたら

ここで，仮想的に光速度が現実の約30万km/sから極端にずれていたらどうなるかを考えてみよう．ただし1mの長さは現在のままに，物理的に光速度そのものが変わるとする．そんな仮想的な状況を考えると，光速度のありがたみもわかるはずだ．

光速度が実際よりも速かった場合は，人間にとってあまり大きな変化はないだろう．なぜなら，人間にとって光速度はすでに充分速いからだ．電気信号は光速度で伝わるので，コンピュータの情報処理速度は速くなるだろう．また，あまりにも光速度が大きいと光の波長が長くなり，光の波動性が顕著になって目に見える世界がぼんやりしてしまうだろう．

逆に，光速度が極端に遅い世界ではもっと劇的な変化が起きるだろう．この場合は原子や分子の化学的性質が影響を受けるため，人間の生きられない世界になってしまうだろう．だがここでは仮想的な世界として，光速度が遅くなっても何らかの知的生命がいて世界を観察できるものとしよう．

また，極端に光速度が遅くなると，一般相対性理論の効果で光が目に見えて地球に落ちるようになる．地球から光が逃れられず，それは地球がブラックホールになってしまうことを意味する．それでは何もかもおしまいなので，地球はブラックホールにならないほど軽いものとしよう．すなわち，この仮想世界では重力の効果を無視できるものとする．

この条件のもとで極端に，光速度が現実の3000万分の1だったとしてみよう．光速度が$c = 10$m/s の仮想世界を考えるのだ．時速にすれば 36km/hとなる．

この場合，光だけでなくすべての粒子や物体は時速36kmを超えて動くことができなくなる．どんなに速い乗り物でも時速36km未満だ．自動車も時速60kmで走ることはできない．

光速が極端に遅い世界で自動車に乗ったら

この仮想的な世界において時速30 kmで走る自動車を考えると，相対論的なローレンツ収縮の効果が効いてくる．ローレンツ収縮とは，止まっている人から見て，光速度に近い速さで動くものの長さが短くなってしまう現象だ．だが，一緒に動けばその長さは短くはならない．観察する人によって長さの尺度が違ってしまうという相対性理論の特徴である．

道路で止まっている人が，時速30kmで走る自動車を横から見ると，自動車の長さが1/2に縮んで見える．また，自動車の奥の方から出た光が自動車を横切る間に自動車は前に進んでしまうため，真横から見たとき自動車が横に回転して見える．真横から見たときでも後ろのナンバープレートが見えるだろう．

また，光に対するドップラー効果が目に見えるようになり，近付いてくる自動車は青っぽく見え，遠ざかっていく自動車は赤っぽく見えるだろう．

時速30kmで走る自動車には，相対性理論のウラシマ効果も発生する．ウラシマ効果とは，光速度に近い速さで動くものの時間がゆっくり進むように見える現象だ．自動車の中にいる人の動きを横から見ると，ほぼ1/2倍速のスローモーションで動いているように見える．この場合も，自動車に乗っている人にとって時間は通常どおり過ぎていく．時間の尺度が人によって違ってしまうのである．

道路に止まっている人が，遠くから近付いてくる自動車を実際に目で見ると，逆に時間が早回しになって見えるだろう．なぜなら，止まっている人にとって自動車から出た光は自動車の速さの20%しか速くないので，36m離れたところにいる自動車の様子が見えるのは，実際の自動車が6mの場所まで来たときだからだ．自動車が残りの6mを進むのにかかる0.72秒間に，自動車が36m分進む間に起きたできごとを見ることになる．ウラシマ効果によって自動車の中の時間は遅くなるにも関わらず，その効果は打ち消されて結果的に3.3倍速の早回しに見えるだろう．逆に遠ざかる自動車の中を見ると，ウラシマ効果に加えて時間が間延びし，結果的に0.3倍速になって見えるだろう．

時速30kmの自動車に乗っている人には，周りの景色が時間的にも空間的にもひどく歪んで見えるだろう．前方を見ると景色が青っぽく見えて，見かけ上の時間が3.3倍速になり，さらに景色が収縮して見える．後方を見ると景色が赤っぽくなって見かけ上の時間が0.3倍速になり，さらに景色が拡大されて見える．窓から見る景色はかなりシュールな状況になる．

また，時速30kmの自動車でしばらく走ってから止まると，

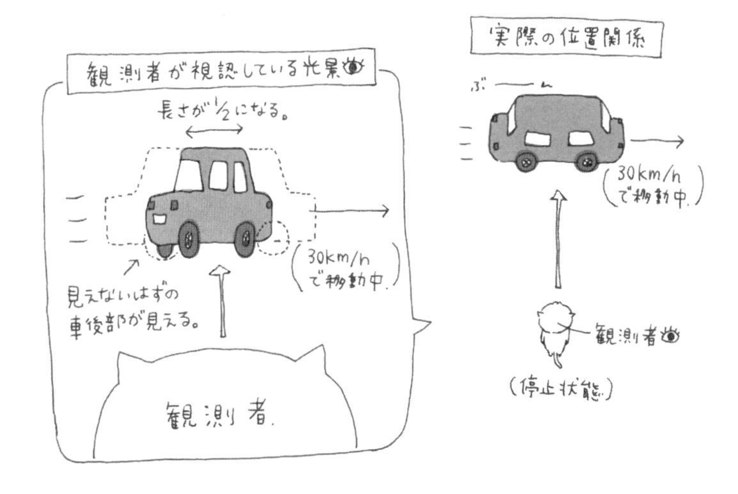

ウラシマ効果で時計が2倍近くずれる．お互いに移動している人たちの間には共通の時間というものがなくなり，待ち合わせの時間を守ることがひどくむずかしくなるだろう．

光速が極端に遅い世界で新幹線に乗ったら

新幹線でも時速36kmを超えることはできないが，時速35.5 kmほどまで出せるかもしれない．このときには相対論的な効果がさらに強くなる．この新幹線で東京から大阪まで出張することを考えてみよう．

ローレンツ収縮により，止まっている人にとって，この新幹線の長さは1/6に縮んで見える．新幹線の長さは16両編成で400mほどだが，外からは67mほどに縮んで見えるのだ．

東京から大阪方面へ向かうと，最初に八ツ山トンネルを通過する．このトンネルは全長275mだ．その通過の様子をトンネルの上空から見たとすると，67mに縮んでしまった新幹線はこのトンネルにゆうゆうと収まってしまう．しばらくの間はトンネルに隠されて車両が完全に見えなくなるだろう．

だが，新幹線に乗っている人には，新幹線の全長は400mのままであり，トンネルの方が46mほどに縮んで見える．すると，新幹線の全長はトンネルに収まらない．中から見ると，自分の乗っている車両の前後2車両分ほどだけがトンネルの中に入っていて，そのほかの車両はトンネルの外にあるような状態になるだろう．

人によって新幹線がトンネルの中に収まったり収まらなかったりするなんて，矛盾している，と思うかもしれない．

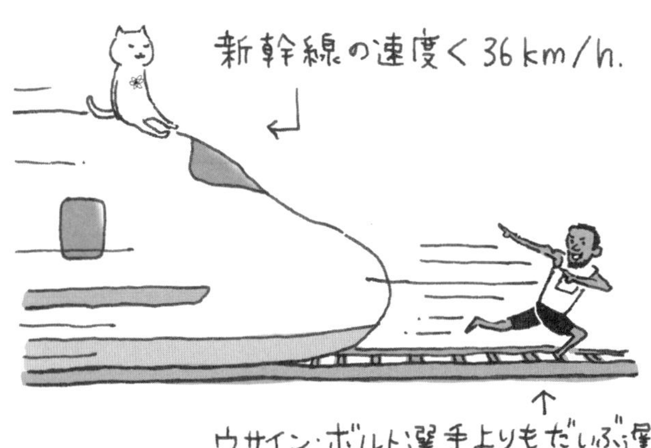

光速度が36km/hの世界では，どんなに頑張っても36km/h以上のスピードは出せない．

ウラシマ効果を抑制するため，新しい法律ができるかもしれない．

だが，これは矛盾ではない．最先頭と最後尾の車両が同じ時刻にどこにいるか，ということ自体が見る人によって異なるからだ．相対性とはそういうことなのだ．

また，この新幹線で東京から大阪に出張すれば，ウラシマ効果により外から見た車内の時間がほぼ1/6倍速になる．止まっている人には東京・大阪間の移動に14時間ほどかかるように見えるが，車内で過ごす人には2時間半しかかからない．車内の人間にとっては，2時間半で世間の時間が14時間も過ぎ去る．それが仕事にとって得なのか損なのかはよくわからない．1日後に提出する書類を移動中に作らなければならないとしたら，明日までの時間が11時間半も短くなるのだから，大急ぎで作る必要がある．年中出張ばかりしている人は，そうでない人にくらべて年の取り方が目に見えて遅くなるだろう．

Chapter | 03 |

重力定数：G

万有引力の法則

物は下に落ちる．当たり前である．小さな子どものころは当然過ぎて，なぜ物が落ちるのか，などという疑問すら思い浮かばなかったのではないだろうか．

宇宙ステーションから届く映像を見ると，その常識は覆される．物がプカプカと浮かんでいて，そちらの方が異常に感じられる．読者も，なぜ宇宙では物が下に落ちないのかと最初は疑問に思ったかもしれない．

また，子どものころに地球が丸いと初めて聞いたときには，地球の裏側にいる人たちは下へ落ちてしまわないのか，と心配したことがあるかもしれない．

これらの疑問は，万有引力の法則を習ったときに，頭の中では答えが理解できたと思う．物を下に落とす重力は，物体と地球との間に働く万有引力による力だったのだ．そんなことをいわれてもなかなか実感がわかないのは，私たちが地球の表面にへばりついて生活しているためだ．

万有引力の法則を思い出しておこう．物体が2つあれば，その間に万有引力が働く．万有引力は2つの物体の質量の積に比例し，距離の2乗に反比例する．この関係における比例定数は重力定数とよばれる物理定数だ．その値は

$$G = 6.6274 \times 10^{-11}\ \mathrm{m^3\ kg^{-1}\ s^{-2}}$$

である．ここに10^{-11}という微小な数値因子が含まれているので，人間的な尺度から見て重力がいかに小さいかがわかると思う．ちなみに，重力定数はほかの物理定数にくらべるとあまり精度よく測定されていない．その理由も，重力が小さ過ぎることにある．

万有引力の法則が成り立つ理由

さて，物が下に落ちるという重力が万有引力によって説明できることはわかったが，そもそもなぜ離れたところにある2つの物体が引き合うのだろう．そして，その力の大きさを決めている重力定数Gはなぜこんなに小さな値なのだろう．

万有引力の法則を発見したのはアイザック・ニュートンだが，彼は万有引力が発生する理由については答えようとしなかった．その代わり，その理由について「私は仮説を立てない」としたのである．

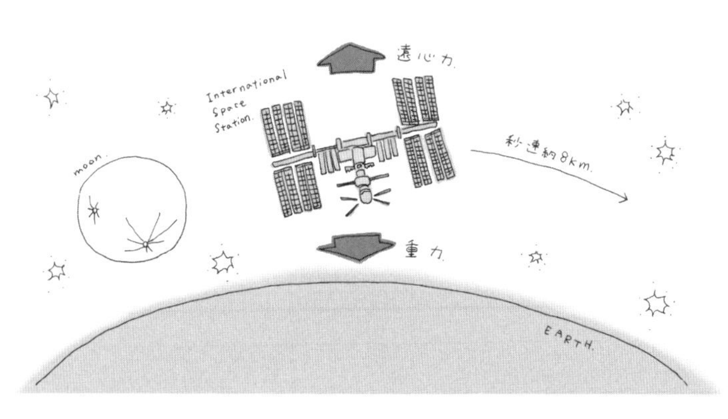

高度400km上空を飛行するISSも，地上の約90%の重力の影響を受けているが，ISSに働く遠心力と重力が釣り合っているため，無重力のように感じる．

この態度は，現代物理学に受け継がれている．万有引力の法則は，物が下に落ちる理由や，惑星が太陽の周りを規則正しく運動する理由などを説明する基本的な法則である．さまざまな現象がそこから説明できるが，その基本法則がなぜ成り立つのかについては問わないのだ．現代物理学はニュートン力学から大きく進歩しているが，基本法則が成り立つ理由が説明されないというところは同じだ．この諦念の態度が，かえって現代科学の進展をもたらしているともいえるのである．

時間や空間が曲がっている

万有引力の法則がなぜ成り立つのかに関しては，いまでは天才物理学者アルバート・アインシュタインが導き出した一般相対性理論によって説明される．一般相対性理論によると，万有引力の正体は，時間や空間のゆがみにあるというのだ．

相対性理論では，時間と空間は一体化したもので，まとめて時空間とよばれる．時間は時刻という1つの数で表すことができ，空間は縦，横，高さの3つの数で表すことができる．何かものごとが起きるとき，いつどこで起きたかを表すのには4つの数が必要だ．このことは，時空間が4次元であることを意味している．この世界は4次元時空の中にあるのである．

この時空間は，直感に反して，完全にまっすぐ伸びた真っ平らなものではない．たとえば，まっすぐに広げた紙を思い描いてみよう．これは真っ平らな2次元空間を表している．一方，自然界には完全に真っ平らな2次元の面というのはあまり見当たらない．水面を見ても表面は波打っているし，地形を見ても山があったり谷があったりする．どちらも平面ではあるが，何かしらデコボコとしている．これが曲がった2次元空間だ．

4次元時空も，このような意味で，完全に真っ平らなのではなく，何かしらデコボコとしている．つまり，曲がった4次元の時空間になっているのである．

この時空間のデコボコは，その中にある物質が作り出す．地球上では人間に感じられないほどわずかだが，何か物質があれば，多かれ少なかれその付近で時空間は曲がっているのである．

真っ平らな紙の上にはまっすぐな直線を引くことができるが，デコボコとした面の上で直線を引こうとしても少し困る．面のデコボコに沿って自然に曲がってしまうからだ．

時空間が真っ平らであれば光は直線に沿って進む．だが，上と同じ理由で，時空間が曲がっていると光の進路は厳密な直線というわけにはいかなくなる．自然と曲がってしまうのだ．

ただし，人間にとって時空間の曲がり方はきわめて小さい．地球上でも時空間は曲がっているのだが，人間には光がまっすぐ進むように見える．これは光の速さがとても速いためだ．チャプター2で考えたように，光の速さが目に見えるほど遅ければ，光といえども地球に引かれてまっすぐ進めなくなるだろう．だが実際には，光は目にも留まらぬ速さなので，直線上を進むようにしか見えない．

このように，私たちの住んでいる4次元時空が曲がっていることを目で見て実感するのはむずかしい．だが，それは実際に曲がっているのだ．精密な実験を行うとその曲がりを直接確かめることもできる．

時空の曲がりが万有引力を作り出す

アインシュタインは，この4次元時空の曲がりが万有引力を発生させていることに気が付いた．彼の理論によると，離れた場所にある物体は直接引力をおよぼしあうのではない．物体があるとその周りで4次元時空が曲がる．曲がった4次元時空にほかの物体を置くと，それは静止したままでいられずに動き出す．静止するとは，時間方向にまっすぐ進むことを意味するからだ．時空の曲がりによって2つの物体に引き合う力が生まれ，これが万有引力の正体になるというのだ．

このアインシュタインの理論を「一般相対性理論」という．アインシュタインは最初に重力のない場合の時空間の理論を作り上げていて，そちらは「特殊相対性理論」とよばれる．一般相対性理論は，特殊相対性理論に重力を含めて一般化したものだ．重力を時空間の性質として説明できる，というのは驚くべき発見だった．

ニュートンの理論では，重力定数は万有引力の法則における力の比例定数だった．一方，アインシュタインの理論における重力定数とは，物体が周りの時空間を曲げる大きさに対する比例定数だ．重力定数が大きいほど，物体の周りの時空間の曲がりは大きくなる．いい換えれば，人間にとって重力定数の値が小さいということは，時空間の曲がり方も小さいということだ．

ニュートンの万有引力の法則がなぜ成り立つのか，という問いにニュートンは答えなかったが，アインシュタインの一般相対性理論はそれを時空間の曲がりで説明する．だが今度は，なぜ物体が時空間を曲げるのか，という問いには答えら

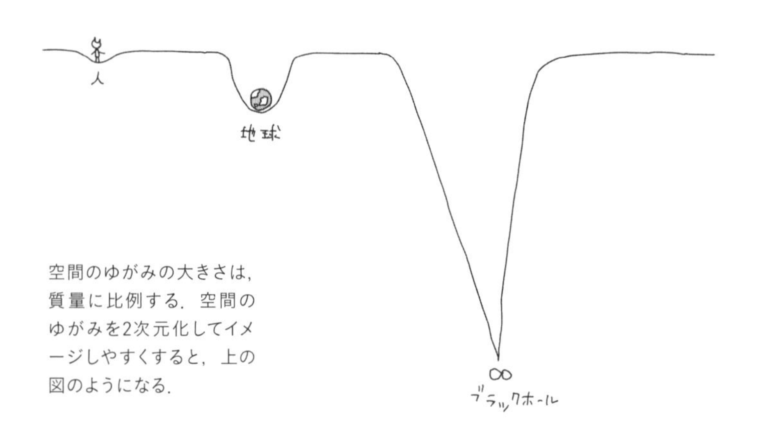

空間のゆがみの大きさは，質量に比例する．空間のゆがみを2次元化してイメージしやすくすると，上の図のようになる．

れない．それが一般相対性理論の基本法則だからだ．したがって，一般相対性理論が発見されても，重力定数がなぜ特定の値を持っているかを説明できるようになったわけではないのだ．

もし重力が実際より強かったり弱かったりしたら

重力はほかの力にくらべてきわめて弱い．地球という大きな物体によって地上の時空間は曲がっているのだが，その曲がり方は微小であり，人間には実感できないほどだ．

もし重力定数が実際の10億倍ほどであり，10^{-11}という因子が10^{-2}だったとしたら，地球上で時空間の曲がりを人間が感知できる．光がまっすぐ進まなくなるのを目で見られるだろう．それどころか，光を上に向けて発射しても，地球に引かれてもどってきてしまう．これは，地球自体がブラックホールになっていることを意味する．光が地球から出て行けないからだ．重力が強過ぎると，地球は自分の重みを支えることができず，地面すら存在しないだろう．そんなところに人間は住めない．時空間の曲がりを人間が実感できないことは，偶然ではないのだ．

重力は天体現象にとって本質的な役割を果たしている．宇宙に存在する天体のすべては，もともと宇宙空間に薄く広がり漂っていた物質が，重力により集まってできたものだ．重力がなければ，星も惑星もできない．重力定数は人間にとって小さいものの，物質の量が増えると重力は大きな力となる．

重力が実際よりさらに弱いとすると，宇宙にどのような影響が出るだろうか．この場合は宇宙的な規模での変化がゆっ

もし重力定数が実際の10億倍ほどであり，10^{-11}という因子が 10^{-2} だったとしたら，地球はブラックホールになってしまう．

くり進むようになる．そして太陽のような恒星ができるまでにもっと時間を要するだろう．

これだけなら，時間さえかければ天体ができて問題ないように思えるが，現在の宇宙は膨張していて，物質の密度は徐々に薄まっていく．天体を作るのに必要な時間が長くなり過ぎると，その前に物質の密度が薄くなり過ぎて，天体が作られなくなるだろう．天体がなければ宇宙に人間はいない．重力が小さ過ぎることは，人間にとっては不都合なのだ．

逆に，重力が実際より強い場合はどうだろうか．この場合，物質はもっと速く集まることができる．強い重力により，星

今の世界の重力が急に小さくなると，今までは難しかった動きができてリアルヒーローが誕生するかもしれない．ただ，重力が弱くなると，地球の大気は薄くなってしまう．そのため，ヒーローと言えども酸素ボンベは必須となるだろう．

が輝くために必要な燃料が急速に消費され，星の寿命が短くなる．地球のような惑星には生命が充分に進化する時間がなくなるだろう．

さらに，重力が強過ぎると銀河系の中で恒星間の距離が狭くなる．太陽系はほかの恒星からの重力の影響を受け，惑星が恒星の周りを何十億年も安定して公転することができなくなるだろう．それでは人間が地球上に生まれないだろう．

つまり，重力定数は人間にとってかなり小さいものだが，その値は小さ過ぎず大き過ぎず，私たちの生きられる宇宙ができるために，ちょうどよい値になっているのだ．

Chapter | 04 |

プランク定数：h

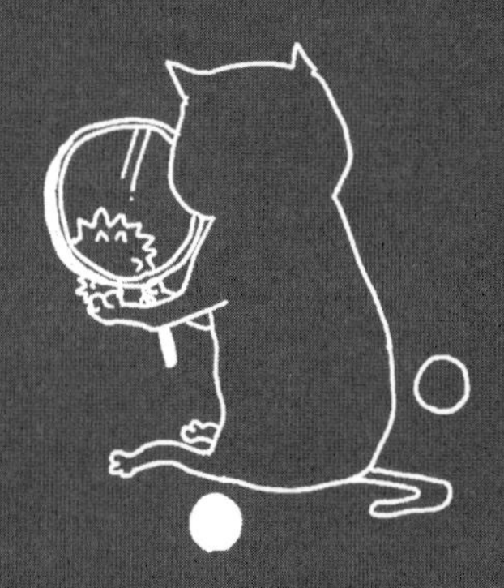

謎めいた量子論

世界は観察するまで存在していない…．そんな哲学的な考えに囚われたことはないだろうか．私たちはふだん，周りの世界は自分がそれを見るかどうかに関係なく存在している，と思って生活している．だが，まだ見ていないものがどうなっているのか，本当に見る前から決まっているのだろうか．

たとえば，好きなサッカーチームなり野球チームなりが，大事な試合に勝ってほしいとき，その試合を中継などで同時に見られず，あとから録画で見ることにしたとしよう．そんなときは，試合の結果を誰からも聞きたくないし，まだ結果も決まってないと思い込みたいものだ．実際，自分にとってはまだ決まっていないことは確かなのだが，世間は決まっているという．

この場合は世間の方が正しいのだが，ミクロの世界を覗き込むとそうともいえなくなる，というのがここでお話する量子論の世界だ．量子論の世界は人間の常識を大きくくつがえす，ある意味，相対性理論よりもずっと革新的なものである．それと同時に，意味のわかりにくい世界でもある．

量子論のエキスパートともいえるアメリカの物理学者，リチャード・ファインマンは，「もしあなたが量子力学を理解していると思うなら，あなたは量子力学を理解していないのだ」といったという．量子論には，それほど謎めいたところがある．

だが，量子論の正しさは間違いない．現代社会を支える技術として，日常世界にも入り込んでいる．スマートフォンやパソコンには半導体技術がふんだんに使われていて，量子論の法則によって動作しているし，医療やバーコード読み取りな

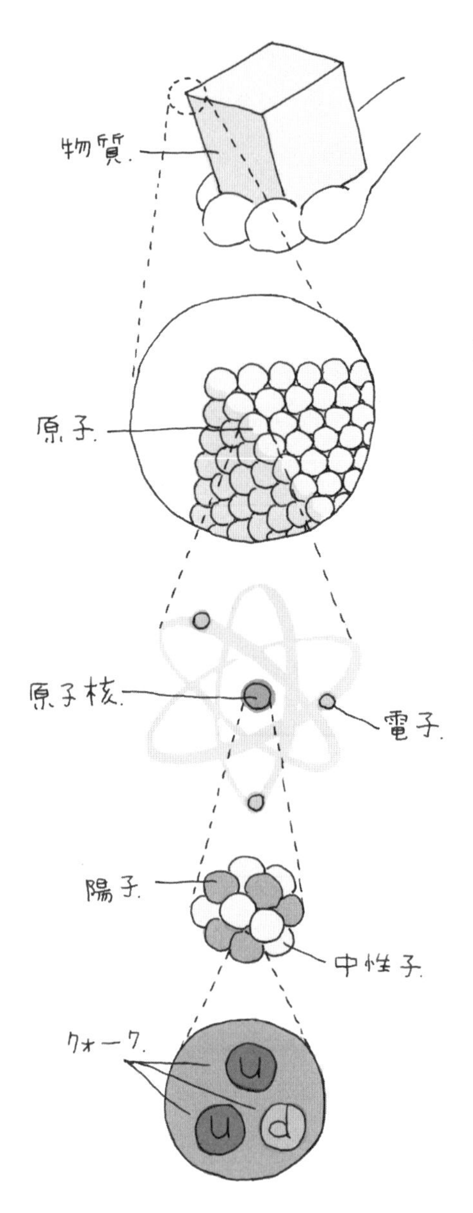

量子とは

物理量の最小単位で，量子論では物質の基本粒子である素粒子に由来するものとして扱われる．素粒子には電子のほか，陽子や中性子を構成するクォーク（アップクォーク，ダウンクォーク）など多くの素粒子が発見されている．

どに使うレーザー光も量子論の原理で作り出されている．量子論が正しくなければ現代社会は立ち行かなくなるだろう．

ニュートン力学と量子力学

私たちの身の回りに見られる物体の動きは，だいたいニュートン力学で理解できる．読者の多くも，ニュートンの運動法則について習ったことがあると思う．ニュートン力学は，直感的にわかりやすい．物体がどこにあるか（位置），どのような速さでどこへ向かって動いているか（速度），物体にどのような力が働いているか，などの様子を頭の中で想像するのはむずかしくない．くどくど説明されなくても日常の経験に基づいて直感的に理解できるからだ．だが，人間の目に見えないほど小さなミクロの世界には，人間の直感とかけ離れた世界が広がっていたのだ．

すべての物質は原子から成り立っている．原子とは，原子核の周りに電子が取り巻いているものだ．プラスとマイナスの電気力によって，原子核と電子がつなぎとめられている．

原子核と電子は電気力で強く引き合っているのだから，直感的に考えると，自然にくっついて一つになってしまわないのだろうかという心配が生まれる．太陽の周りを惑星が回るのと同じように遠心力と引力が釣り合っていればよいのでは，と思えるかもしれないが，実際にはそれは不可能だ．マイナスの電気を帯びた電子が原子核の周りを回ろうとすると，光を出してエネルギーを失う．電子は安定に回るどころか螺旋を描いて原子核へ吸い込まれてしまうはずなのだ．

このことは物理学者を悩ませる大きな問題となった．何とかニュートン力学的な考えから説明しようとしたが，どうしても無理なことであった．結局のところ，原子の世界ではニュートン力学が成り立たず，量子力学という新しい力学を考えなければならないことがわかったのである．

ミクロの世界とプランク定数

原子の中では，ニュートン力学で説明のつかないことが起きている．私たちの身の回りではニュートン力学が成り立っているのだが，原子のようなミクロの世界では成り立っていない．どこにその境目があるのだろうか．それを決めているのがプランク定数 h である．その値は，

$$h = 6.62607015 \times 10^{-34}\ \mathrm{m^2\,kg\,s^{-1}}$$

である．ここにきわめて小さな因子 10^{-34} が含まれているため，原子ほどのミクロの世界まで行かない限り，ニュートン力学はよく成り立っているように見えるのだ．

プランク定数がゼロでない小さな値を持っているため，原子の中では電子が原子核に吸い込まれることがない．これは「不確定性原理」というもので説明される．

不確定性原理とは，簡単にいえば粒子の性質がはっきりと決まらなくなる性質をいう．具体的に電子を考えると，電子のいる場所と動く速さという2つの性質を，同時にはっきりとした値として持てないのだ．

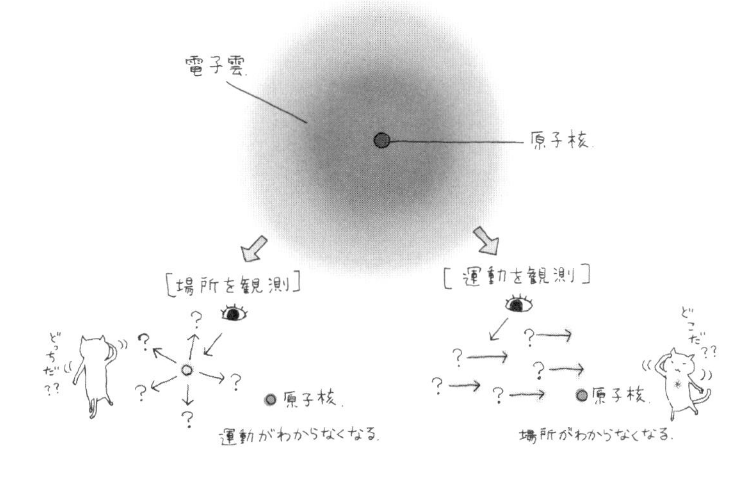

不確定性原理について

観測をしないとき，電子は雲のように原子核を囲んでいる（電子雲）．しかし，人間が観測した一瞬に，雲のような波は1点の粒として姿を現す．ところが，場所がわかると運動が定まらなくなる．逆に，運動が定まると場所が定まらなくなる．この量子の性質を不確定性原理とよぶ．

もし，電子が場所と速さをはっきりとした値として持てるならば，電子はある一点に速さゼロで静止することが可能だ．電子が動き回るとエネルギーを失って原子核に落ちてしまうから，電子は原子の中心にある原子核と同じ場所に存在することになるだろう．

だが不確定性原理により，原子の中心に静止しているという状況は実現しない．それでは場所と速さがはっきりと決まってしまうからだ．

不確定性原理によると，一般に場所を正確に決めようとすると速さがまったく決まらなくなる．逆に，速さを正確に決めようとすると場所がまったく決まらなくなる．一般には，場所も速さもある程度の正確さでしか決まらず，どちらも同時に正確に決めるということは原理的にできないのだ．

プランク定数とは，その原理的な決まらなさ具合がどの程度なのかを表す定数である．電子の場所と速さを同時に決めようとしたとき，場所の決まらなさ(Δx)と速さの決まらなさ(Δv)を掛け合わせたものは，プランク定数(h)を電子の質量と4πで割った値程度になる．

このプランク定数の存在により，電子が原子の中で安定していることが説明できる．電子が原子核へ落ちてしまおうとしても，落ちた状態では位置がはっきり決まることになるので，それが妨げられるのである．もしプランク定数が実際より大きければ，電子がいる場所のぼやけ具合も大きくなるので，原子の大きさも大きいはずだ．

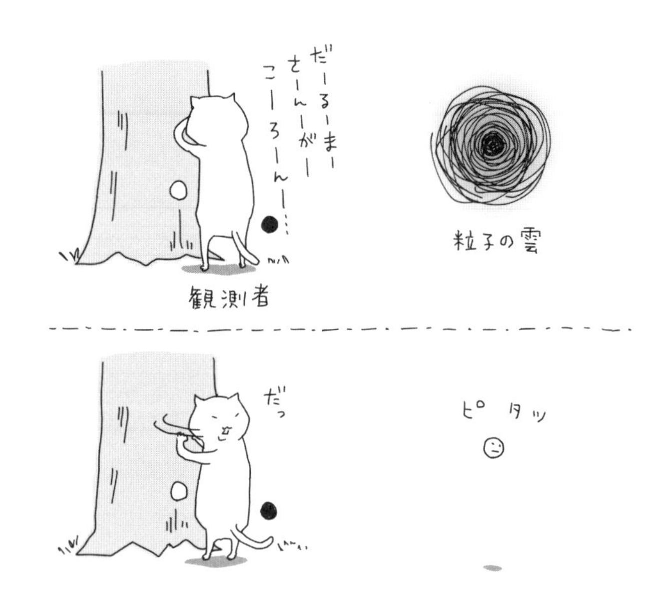

複数の現実が重ね合わされた状態

粒子の場所と速さがぼやけていても，どちらか片方を測定すれば，測定した値ははっきりと決めることができる．粒子の速さを正確に測定したとすると，そのときには粒子のいるかもしれない場所が確率的に大きく広がってしまい，どこにいるのかわからなくなる．

そのときでも，どこにいるかの確率は計算することができる．そして次に，粒子のいる場所を正確に測定すると，その広がった場所のどこかに見つかり，今度は粒子の速さが確率的に広がる．このときどこに見つかるかは運任せだ．これは，もともと粒子が見つかった場所にあって観測者がそれを知らなかったということではなく，本当に確率的に広がった状態にあったものが，測定によって1ヵ所に収縮したのである．量子の世界ではそう考えないとつじつまが合わないことがわかっている．

これは，観測者が測定するまで複数の現実が確率的に重ね合わされた状態になっていて，測定した瞬間に一つの現実に決まる，ということを意味している．平たくいえば，あなたが見ているか見ていないかで，（ミクロの）世界に決定的な影響がおよぶのである．この点は，量子論のもっともわかりにくいところであり，歴史的にその意味を巡って論争が繰り返されてきたところでもある．だが，それが現代社会を支えている量子論の真実なのである．

もしプランク定数が大きかったら

もし，プランク定数が人間に感じられるくらい大きかったらどうだろうか．プランク定数だけを大きくすると，原子の大きさが莫大なものになり，そんな世界には人間のような知的生命がいなくなるだろう．仮にいたとしても原子の大きさよりはずっと大きい．だが，ここでは仮想的な話として，人間の大きさは変えずに，まわりの世界のプランク定数だけが極端に大きくなった場合を考えてみる．

プランク定数が $h = 10\mathrm{m^2kg/s}$ だったとしよう．そんな世界では，2人で話をしようとしてもお互いにいる場所と動く速さがぼやけてしまう．相手の顔の形がぼやけないように，場所を1cm程度の範囲に絞り込んだとすると，速さのぼやけ具合

もし自分と自宅以外のプランク定数が大きくなったら…
もはやプライベートはないと思った方がいいかもしれない．

は1m/sほどになり，まともに話をする前にお互いにどこか離れたところへ行ってしまうだろう．しかも，相手を見るまで現実が一つに決まらないので，目をそらすと次の瞬間にどこにいるか知れたものではない．

また，ボールを投げてもどこへ飛んでいくかわからない．ボールの場所と速さが同時に決まらないのだから，どこへいくかは運任せだ．さらに，壁で仕切られた部屋の中にいると，壁に穴が空いているわけでもないのに，外にあるものが突然部屋の中に入り込んできたりするだろう．この性質は量子力学においてトンネル効果とよばれている．とにかく，もう何もかもがしっちゃかめっちゃかだ．そんな世界に知的生命がいるとも思えないが，もしいたとしたら，私たちとはまったく違う思考形式を持っているに違いない．

キログラムの定義とプランク定数

さて，現実のプランク定数は少し前まで実験して求める測定値であった．だが，プランク定数の値を固定することによって，質量の単位であるキログラムの定義に用いようとする提案がされた．そして，2018年11月に開かれた第26回国際度量衡総会で了承され，2019年5月19日からプランク定数は誤差のないキログラムの定義値として施行された．先に掲げたプランク定数の値はその定義値として決められた値である．

それまで，キログラムの定義にはフランスの国際度量衡局に保管されている国際キログラム原器が使われていた．このキログラム原器は1889年から使われてきたものだが，この改定が実現し，約130年間の役目を終えることになった．

Chapter | 05 |

単位の話とプランク尺度

単位がない測定値には意味がない

何かを測定するのに，単位は必須である．理科の実験でも，測定するときに単位を付け忘れて注意された記憶があるのではないだろうか．

とある物理学者が街を歩いていたら，学生たちが何やら街の中で振り子を使った実験をしているのに出会った．いったい何をしているのかと聞いてみたところ，街の比重を計っているのだという．それはいったいキログラムの単位で計られるのか，それとも立方メートルなのか，秒なのか，あるいはセンチメートルの単位なのか，と尋ねると，

「そんなことは私たちには関係ありません．答えの数字さえ出ればそれでよいのですから」と返答されたという．

単位がない測定値には意味はない．それが許されるのは，暗黙の了解として単位が想定されている場合だけだ．私たちもふだんの生活では，時速60キロ，とか体重50キロ，などというが，キロはもちろん単位ではない．メートルやグラムという単位を暗黙の了解として省略している．今どき「尺」や「匁」などという単位を使う人はいないので，それでもよいのだ．

メートル，キログラム，秒，の3つは国際的な標準であるメートル法における基本単位である．これらの頭文字をとってMKS単位系と名付けられている．

単位を取り違えると

日本ではMKS単位系が社会的にも標準になっているが，ほとんど普及していない国もある．とくに目立つのがアメリ

カ合衆国だ．いまだにヤード・ポンド法という旧式の単位が慣用的に使われ続けている．筆者も一時期アメリカ合衆国に住んでいたことがあるが，慣れてしまうとこれが結構便利な単位で，メートル法に移行したくない気持ちもわかる．

たとえば，ポンドはだいたい人間が1日に消費する大麦の重さ，フィートはだいたい人間の足の長さ，マイルはだいたい人間が2000歩歩く距離，などという具合だ．だが，メートル法への換算をしなければならないときにはかなり不便だし，誤解も生じやすい．

アメリカ合衆国が1998年に打ち上げたマーズ・クライメート・オービターという火星探査機があった．9ヵ月間かけて火星へ向かった末，予定より低い軌道で火星に接近して行方不明になってしまった．

その原因を調べてみると，一つのチームがヤード・ポンド法を使って探査機の推力計算をして別のチームに送り，受け取り側はそれをメートル法の数値だと思って探査機を制御していたのだという．ひどい話だが，そんなミスを9ヵ月も気付かずに，よく火星に近付くことができたものだと逆に感心してしまう．

長年使われてきたキログラム原器

前章の最後に，プランク定数を決まった値に固定することによってキログラムの単位を決めることになったという話をした．2018年11月に開かれた国際度量衡会議において，このことが正式に決議された．このため，約130年間にわたって使われてきた国際キログラム原器は，その役目を終えるこ

【1mの定義】

0秒

2億9979万2458分の1秒

光

1m

昔

1mとは，国際メートル原器の長さ．

現在

1mとは，光が真空中を2億9979万2458分の1秒進む距離．

【1秒の定義】

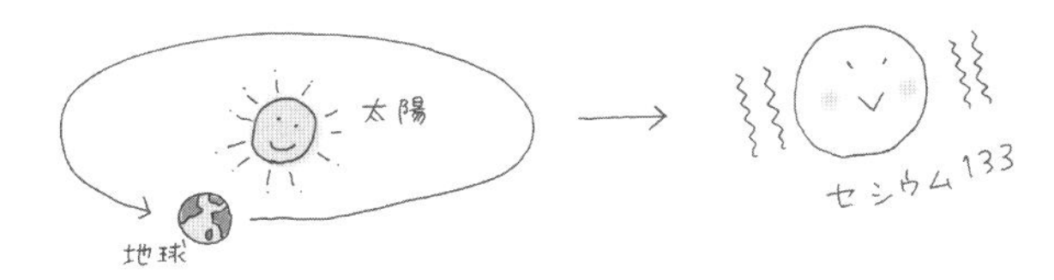

昔

1秒とは，地球の公転周期（1年）の3155万6925.9747分の1の時間．

現在

1秒とは，セシウム133が発する固有の光の一つが91億9263万1770回振動する時間．

【1kgの定義】

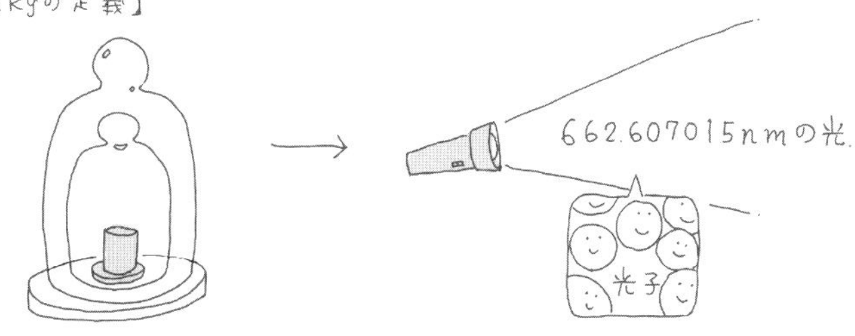

少し前まで

1kgとは，国際キログラム原器の重さ．

2019年5月20日～

1kgとは，波長662.607015nmの光子の$2.99792458 \times 10^{35}$個分のエネルギーと同じ質量．

とになったのだ．

もともとキログラムという単位は水1リットルの質量で定義されていた．だが，水の体積は温度や圧力によって変化するため，精密な定義としての目的には適さなくなってきた．そこで1779年に国際キログラム原器が作られ，世界に一つしかないその物体の質量が1キログラムの定義として定められた．当初は白金製だったが，1889年からはプラチナとイリジウムの合金製のものに置き換えられ，フランスにある国際度量衡局に保管されてきた．これを複製したものが各国に配布され，長年にわたって使用されてきたのだ．

これらの複製は40年ごとに本体と精密な天秤にかけられて比較されたが，当然ながら複製も本体も経年変化を免れない．年に1マイクログラムほどの相対的変化があったようだ．基準となる原器の質量が変化するのでは，やはり精密な定義としての目的に合わなくなってくる．時代とともに精密さの要求が高くなってきたのだ．

プランク定数でキログラムを定義する

メートルや秒も，昔は人工物や地球の運動という経年変化するもので定義されていたが，だいぶ前からもっと普遍的な定義に置き換えられている．チャプター2でものべたように，メートルは真空中の光速度を定義値とすることで決められているし，秒はセシウム原子から放射されるマイクロ波の周波数によって定義されている．ところが，質量の単位だけはキログラム原器が長年にわたって使われ続けてきた．

その理由の一つには，キログラム原器に代わる適切な定義がなかったことにある．キログラム原器が経年変化するといっても，そのレベルは小数点以下8桁の値が変わるかどうかというものである．8桁程度以下の精度でしか測定できないようなものを新しい定義にしても意味がないので，キログラム原器を使っていた方が正確だということになるのである．

だが，測定技術の進歩によって，ようやくキログラム原器を捨て去ることが可能になったのだ．プランク定数が8桁以上の精度で測定できるようになったため，これを定義値とすることでキログラムを決めることにした．

キログラムの定義が変わったからといって，私たちの生活には何の変化もない．小数点以下8桁目ぐらいは確かに変

化するのだが，それに気がつく人はいないだろう．これが2桁目に変化があるとなるとたいへんだ．昨日のキログラムは今日から数パーセント増えます，などといわれたら，体重が何キログラムも変化する．それで体重が増えたからといって，物理的には何の変化もないが，ダイエット中の人は気分が落ち込むだろう．いずれにしても，社会的に大混乱が起きる．だが，そんなことはないので，キログラムの定義が変わったからといって，生活上は何も気付かなかったはずだ．

プランクの尺度

前章までに，真空中の光速度，重力定数，プランク定数，の3つの物理定数について取り上げてきた．これら3つの物理定数は，物理学の中でももっとも基本的な定数である．これらの定数の単位はすべて長さ，質量，時間という3つの単位の組み合わせでできている．すると，3つの物理定数をうまく組み合わせることによって，長さだけの単位を持つ量，質量だけの単位を持つ量，時間だけの単位を持つ量，を作ることができる．こうして得られる量はそれぞれ，プランク長，プランク質量，プランク時間とよばれ，具体的には

$$l_{\mathrm{p}} = \sqrt{\frac{\hbar G}{c^3}} = 1.161625 \times 10^{-35}\ \mathrm{m}$$

$$m_{\mathrm{p}} = \sqrt{\frac{\hbar c}{G}} = 2.17644 \times 10^{-8}\ \mathrm{kg}$$

$$t_{\mathrm{p}} = \sqrt{\frac{\hbar G}{c^5}} = 5.39125 \times 10^{-44}\,\mathrm{s}$$

で与えられる．ただし $\hbar = h/2\pi$ は換算プランク定数もしくはディラック定数とよばれる量で，プランク定数を 2π で割ったものである．

3つの物理定数は物理法則と密接な関係にある．真空中の光速度は特殊相対性理論，プランク定数は量子論，重力定数は一般相対性理論，をそれぞれ特徴づける定数となっている．それらを組み合わせて作られた3つのプランクの尺度は，ある意味で，これらの理論がすべて重要になる尺度を表していると解釈できる．

プランク尺度の意味

たとえば，プランク長よりも小さな尺度では，時空間自体に量子論の不確定性原理が働くと考えられる．その長さよりも小さな長さでは，もはや私たちが直感的に思うような連続した空間というイメージが成り立たないはずだ．そこでは，量子的に空間が複雑につながりあったり曲がったりしていて，混沌とした空間の姿になっているだろうと考えられている．

また，プランク時間についても同様で，それよりも短い時間尺度では，静かに流れる時間というイメージが成り立たない．時間が複雑につながりあったり曲がったりしていると考えられている．だが，時空間を量子的に扱う完成された理論がないので，プランク長やプランク時間より小さな尺度が実

プランク単位

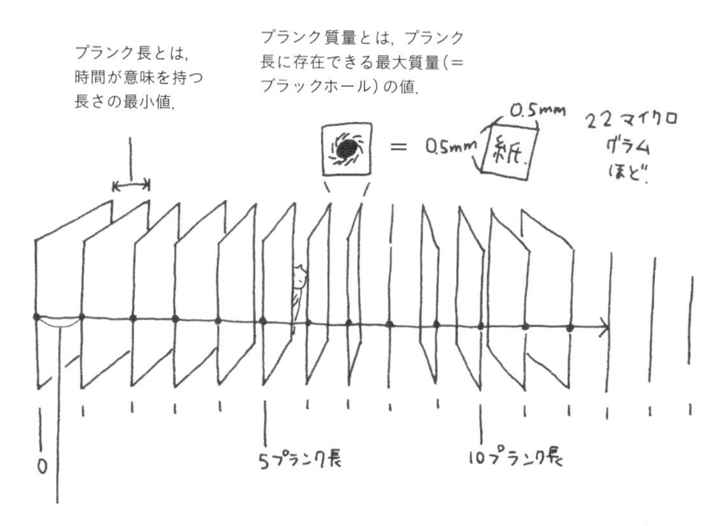

プランク時間とは，光速度でプランク長を移動する時間．

際にはどうなっているのかを知ることができない．プランク長やプランク時間は，私たちの知識の限界を示す尺度を与えているともいえそうだ．

一方，プランク質量はそれほど小さな値ではない．それは22マイクログラムほどであり，0.5mm四方の紙片の重さと同じぐらいだ．質量自体は時空間と直接的に関係しているわけではないので，このことは驚くべきことではない．だが，プランク質量のブラックホールを考えると，そこには量子効果が強く働き，プランク時間程度ですぐに蒸発してしまうと考えられている．その意味では，存在可能なブラックホールの最小質量がプランク質量だということができる．

プランク単位系

MKS単位系ではプランクの尺度が先に掲げたような値になるが，単位系を選ぶことによってこれらの値をすべて1にすることが可能だ．それは，3つのプランク尺度をそれぞれ長さ，質量，時間の単位とすることと等しい．

そのような単位系はプランク定数を発見したマックス・プランクにより考えられたもので，プランク単位系とよばれている．プランク単位系を採用すると，物理法則を表す式の中から c , G , $\hbar$ が消えてしまうので，方程式が簡単化する．このため，プランク単位系はよく理論物理学の分野で使われることがある．

もしプランク長が大きかったら

プランク長やプランク時間が人間にとって非常に小さい値になっていることは幸いだ．もしプランク長が人間のサイズと同じぐらいであれば，時空間に量子的な不確定性関係が働くことになる．その様子を正確に記述する物理理論は知られていないので，そこで何が起きるかよくわからないが，少なくとも私たちがよく知っている時空間の性質はまったく成り立っていないことは確かだ．

時空間がまっすぐ伸びたものという常識は根本から覆され，ワームホールやブラックホールができたり消えたりしているだろう．しかもそれは量子的な存在なので，現実と非現実が重なり合った摩訶不思議な状態になる．そんなところで知的生命が生きていくのはむずかしい，ということだけは確かだろう．

Chapter | 06 |

電気素量：e

電気は生活に欠かせない

電気は私たちの現代生活に欠かせないほど身近だ．スイッチを入れればすぐに明かりがつくし，スマホを使えば何でもできないことはない勢いだし，電車に乗れば遠くに移動できるし，部屋やビールを冷やすことはできるし，掃除や洗濯はしてくれるし，電気のない生活など考えられない．一瞬でも停電になると，そのありがたさが身にしみる．

もし明日から電気が使えない，となれば，すぐにでも明治初期のような生活にもどってしまうだろう．明かりはろうそくかガス灯だ．電話もメールもラインも使えないので，通信手段は直接話すか手紙しかない．電車は動かないので，街には電気なしで動くディーゼルエンジンの自動車やバスが走るだろう．掃除や洗濯をするときには，ほうきと洗濯板の出番だ．

電気は本当に便利なものだが，その実体はプラスとマイナスの電荷である．電線を流れる電流の正体は，電線中の電子が移動する現象だ．よく知られているように，物質はすべて原子から成り立っていて，原子は原子核と電子から成り立っている．電子はマイナスの電荷を帯びていて，原子核にはプラスの電荷を帯びた陽子が含まれている．電子と陽子の電荷は符号が異なるだけで大きさは等しい．

人間嫌いの天才キャベンディッシュ

2つの電荷の間に働く力として，クーロンの法則というのを習ったことがあるだろう．電荷の符号に応じて引力か斥力が働き，その力の大きさは電荷の積に比例して距離の2乗

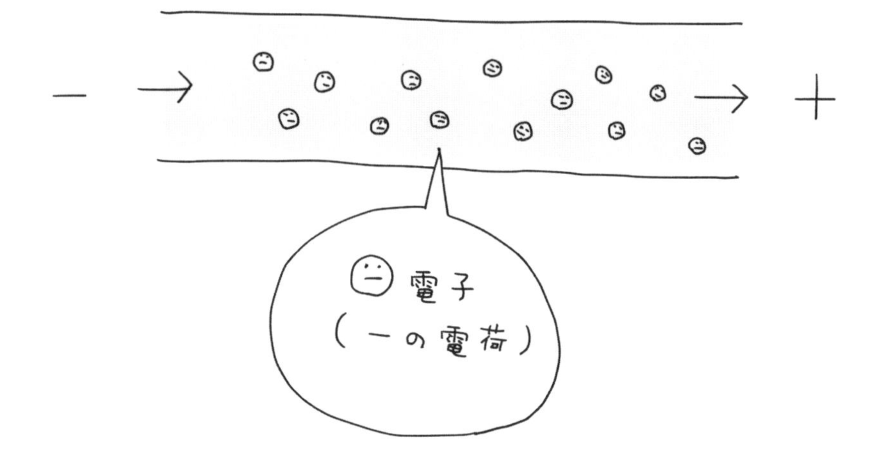

電子はマイナスの電荷を帯びており，マイナスの電極には反発しあい，プラスの電極には引き付けあうため，マイナスの電極からプラスの電極に流れる．

に反比例する，という法則だ．名前の由来となっているのは，この法則を見出して発表したフランスの物理学者シャルル・ド・クーロンだ．だが，実験的にこの法則を最初に発見したのはイギリスの科学者ヘンリー・キャベンディッシュであり，クーロンはそれを再発見したのである．このことは現在ではよく知られている事実だが，一度付いた名前は容易には変えられない．

キャベンディッシュは極度の人間嫌いとしても有名な天才科学者であり，多くの目覚ましい成果をあげながらも生前にはそれらの多くを世間に発表することがなかった．クーロンの法則についても，クーロンより10年ほど先んじて発見していたのだが，それがわかったのも彼の死後に残された遺稿からである.

キャベンディシュは世間的な名誉や成功に興味がなく，他人と関わるのを病的なまでに嫌った．父親の莫大な遺産を相続したため，働く必要もなかったのだ．そして自宅を巨大な実験室に改造し，何にも邪魔されることなく研究を行うことができた．使用人ともなるべく関わりたくなく，同じ家にいても手紙で連絡を取っていたという．クーロンの法則のほかにも，電気抵抗に関するオームの法則や，気体に関するドルトンの法則やシャルルの法則などを最初に発見していたのだが，それらがわかったのも彼の没後だった.

電気素量とは

電子はそれ以上細かく分解できない素粒子である．したがって，電線の中に流れる電気は，1個，2個と数えられるものなのだ．したがって，電気には単位となる量がある．それを電気素量とよび，eという記号で表す．その値は，

$$e = 1.602176634 \times 10^{-19}\,\mathrm{A \cdot s}$$

である.

ここでA・sというのは電荷の単位で，クーロンCとも書く．電流の単位はよく知られているようにアンペアAであるが，これは電線を1秒あたりに何クーロンの電荷が流れたかを表している．したがって$A = C/s$という関係が成り立つ.

電気素量が10^{-19}という小さな因子を含んでいるのは，人間

が使っている電気の単位が大き過ぎるためだ．標準単位は人間生活に便利なようにできている．原子の世界で見れば，電気素量の値は特段に小さいとはいえず，電子を原子につなぎとめておけるほどに大きい．

電気素量より小さな電荷もある

陽子や中性子がそれ以上分解できない素粒子だと思われていたときには，電気素量はこの世界で電荷の最小単位を与えていると思われていた．だがその後，陽子や中性子は3つのクォークから成り立つ複合粒子であることがわかった．クォークは電気素量の1/3倍を単位にする電荷を持っていたのである．陽子は$+2e/3$ の電荷を帯びたアップ・クォーク

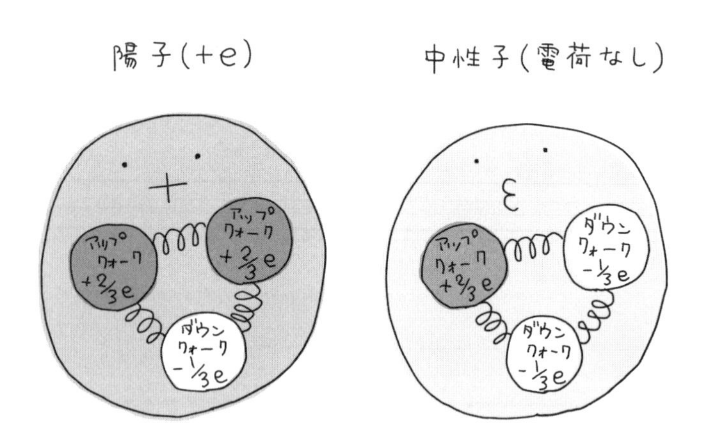

陽子の電荷はu（アップ）クォーク2個とd（ダウン）クォーク1個でちょうど$+e$になる．中性子は，uクォーク1個とdクォーク2個で中性となる．

2つと，$-e/3$ の電荷を帯びたダウン・クォーク1つからなっていて，合計すると $+e$ の電荷を帯びている．また中性子は $+2e/3$ の電荷を帯びたアップ・クォーク1つと，$-e/3$ の電荷を帯びたダウン・クォーク2つからなっていて，合計すると中性になる．だが，クォークというのは1つだけ単独で存在することができないという性質を持っているため，電気素量 e より小さな電荷の絶対値を観測することはできない．

身の回りの力はほとんどが電気力である

身の回りにはいろいろな種類の力が見られる．たとえば，人間の出す筋力や，空気をぎゅうぎゅう詰めにすると感じられる圧力，ひもを引っ張るときの張力，ものがこすれ合うと

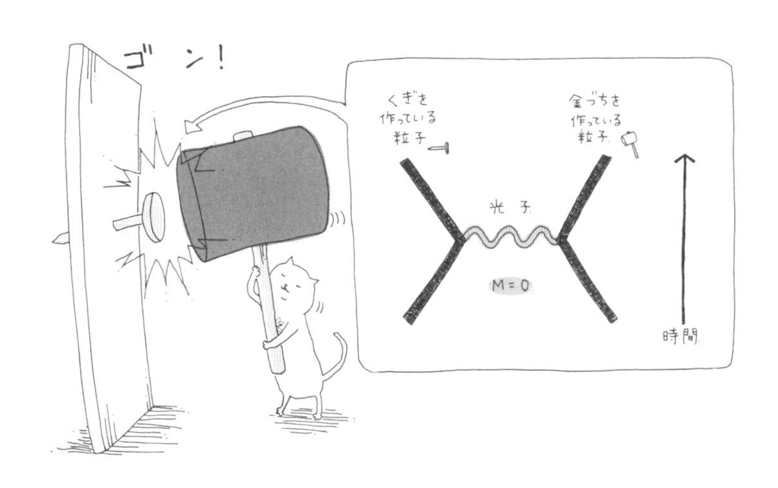

身の回りの力のほとんどは電磁気力である．電磁気力の正体は，粒子が光子を放出したり吸収したりすることで生まれる相互作用である．

きの摩擦力，バネの力である弾性力，重いものを支える垂直抗力，などだ．

これらの力は私たちの生活にどれも欠かせない．筋力がなければ何もできないし，圧力がなければ呼吸もできない．摩擦力がなければ，歩くことすらできないし，服がつるつると脱げてしまって外出困難になるだろう．

これらは一見して別々の力のように見えるが，実はミクロに見ると同じ力なのである．すべてのものは原子からできている．したがって，これらの力は，原子同士に働く電気力が作り出しているのである．

実際，私たちの身の回りに見られる力のうち，重力や慣性力に関係するもの以外は，すべて原子同士に働く電気力や磁気力が元になっている．磁気力というのは，磁石に働く力だ．磁気力は電気力と密接な関係にあり，それらは物理的に同一の起源を持っている．電気を流すと磁気が発生するし，磁石を動かすと電気が発生することからも，電気力と磁気力が元は同一のものであることが想像できるだろう．だが，重力や慣性力だけは別の力であって，電気力や磁気力では説明できない．

ふだんの生活の中ではあまり実感がわかないが，世の中にある物体や生き物などがその形を保っていられるのも，電気力のおかげだ．原子とは原子核と電子が電気力によってつなぎとめられたものであるし，複数の原子がくっついて分子になるのは原子核や電子の間に働く引力と反発力の結果である．また，固体が硬く壊れにくいのも，水などの液体が柔軟に形を変えることができるのも，すべて原子間に働く電気力によって実現された性質である．

したがって，電子や陽子の電荷量を表す電気素量の値は，この世界を形作るのにちょうどよい値になっていなければならない．電気素量の値を変化させると，私たちの見ている世界はまったく違ったものになるだろう．

電気素量がもし現実の値からずれていたら

電気素量が少しでも実際の値から異なる場合，原子や分子に働く電気力が変化するため，物質の化学的な性質が変化してしまう．それは生命にとってとても都合が悪い．

たとえば，地球上にありふれた水は，生命にとってとても大切な物質だ．水というのは，ほかの物質にはないかなり変わった性質を持っていて，その性質は生命にとってとても都合がよいのだ．通常の物質では液体を冷やして固体にすると，体積が収縮して体積あたりの重さが重くなる．だが，水の場合はそれが逆になっていて，氷の方が水より軽い．

氷がもし水より重ければどうなるだろう．冬の寒い日，水が表面で冷やされると，凍って氷になるが，そのまま浮いていることができないので，水面下へ沈んでいく．湖や海は底の方から凍っていき，全体が氷になってしまうだろう．そうなると水の中でしか生きられない生き物は死滅してしまう．

だが，実際の水は表面から凍る．表面に張った氷は，その下にある水を冷気から保護する．このため，氷の下にある水は凍らない．冬でも氷の下に液体の水環境が保たれ，生き物が生き延びられるのだ．

水にこうした特殊な性質があるのは，水分子の性質による．

水分子は酸素原子に水素原子が104.5°の角度で2つくっついた構造をしている．この角度が四面体の辺の角度109.5°よりわずかに小さいという性質により，水が上述の特殊な性質を持つのである．

この微妙な角度には，電気力の強さが関係している．もし電気素量の値が実際と違っていたら，水分子の持つ角度が変化してしまい，上述のような都合のよい水の性質は失われてしまうだろう．

生命にとって重要なのは，水の化学的性質だけではない．

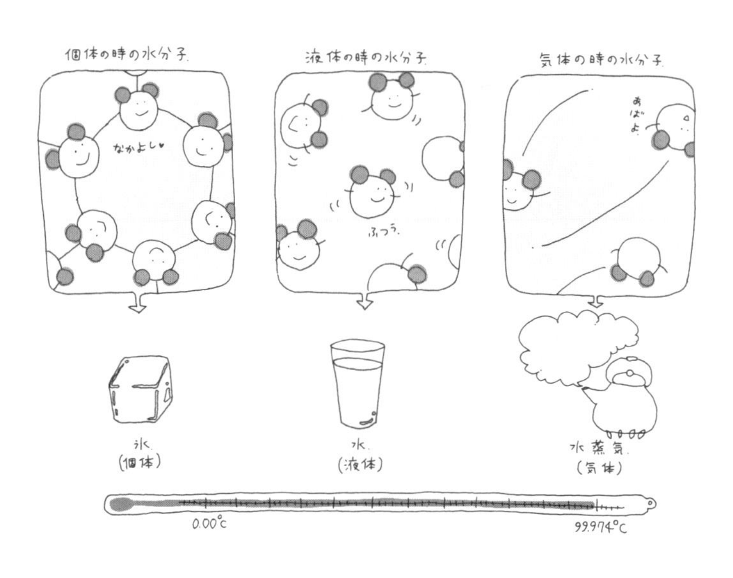

水は液体のときよりも固体のときの方が密度が低い．これはほかの物質にはない特異な性質である．そのため，氷は水に浮くことができる．

生命を構成するいろいろな種類のタンパク質は，水素，炭素，窒素，酸素，リン，硫黄からなる複雑な分子だ．それらはきわめて複雑かつ巧妙に機能して生命を維持している．これらタンパク質の特殊な化学的性質がなければ，生命はなかっただろう．電気素量の値を少し変えると，そうした特殊な性質も大きく崩れる．そのような世界で人間のような高度な機能を持った生命が生まれる可能性は低いだろう．

アンペアの定義と電気素量

これまで，電気素量は実験によって求める測定値であった．だが，2018年11月に開かれた国際度量衡委員会において，第4回でのべたプランク定数と同様に，ここでのべた電気素量も2019年5月より定義値になることになった．電気素量を固定することで，電流の単位アンペアを決めることになったのだ．上に掲げた電気素量の値は，その定義値であり，この値に誤差はない．

これまでのアンペアは，無限に長いとみなせる2本の電線中を流れる電流間に働く力を用いて定義されていた．だが，これを実際に精度よく測定することはむずかしい．その代わり，新しい定義では電線中を1秒間に$10^{19}e/1.602176634$の電荷が流れる電流を1アンペアと定義することになった．

Chapter | 07 |

フェルミ定数：G_F

弱い力を特徴付けるフェルミ定数

前章でものべたが，私たちが日常的な生活の中で感じることのできるいろいろな種類の力は，すべて重力か電磁気力のいずれかで説明できる．だが，私たちに知られている力の種類は，重力と電磁気力の2種類だけではない．そのほかにもさらに2種類の力が知られていて，それぞれ，「弱い力」と「強い力」という名前でよばれている．

なんとも気の抜けた単純な名前だな，と思われるかもしれない．重力や電磁気力というのは立派そうな名前だが，弱い力とか強い力っていったい….だいたい，弱いとか強いとかいう主観的な形容詞が名前になっているのが変な気がする．そんなことが許されるのなら，良い力，悪い力，とか，生きる力，聞く力，などという名前を付けてもよいのだろうか．

弱い力と強い力は私たちの生活上に表立って現れてくることがないため，これらの力の存在が知られてきたのはそれほど昔のことではない．それらはおもに原子核の中で働く力なので，私たちの生活上は馴染みがないのである．原子核の中は特殊な実験装置を使わないと，簡単にのぞいて見ることができない．つまり，私たちには直接感じられない力なのだ．よく知られていなかった2種類の力が原子核の中に発見され，それを弱い力とか強い力とか適当によんでいるうちに，そのまま定着してしまったというわけだ．もしさらに別の力が見つかっていたら，ぬるい力，などというのがあったかもしれない．

さて，ここで紹介するフェルミ定数というのは，弱い力の大きさを特徴付ける物理定数である．その値は

$$G_F = 1.43585 \times 10^{-62}\ \mathrm{kg\ m^5\ s^{-2}}$$

である．人間的な尺度である国際標準単位系で表すと値が異常に小さくなるが，その力は素粒子レベルで考えても実際に弱い．このために，弱い力とよばれているのだ．

ニュートリノと弱い力

弱い力が関係する物理現象としては，中性子のベータ崩壊というものがある．中性子は単独で置かれているとさみしいのか長く生き延びることができず，平均寿命が15分程度で電子とニュートリノを放出して陽子に変化する．それでも，マイクロ秒以下で崩壊してしまう素粒子がふつうにある中で，中性子は格段に長い寿命を持っている．実際，中性子の平均寿命はフェルミ定数の2乗に反比例する．弱い力が弱いため，ベータ崩壊の反応が起こりにくいのである．

ベータ崩壊で出てくるニュートリノというのは，電気的に中性できわめて軽い粒子である．あまりにも軽過ぎるため，現在のところ質量の正確な値は測定されていないが，ゼロでないことはわかっている．また，電磁気力と強い力を感じることがなく，弱い力と重力だけを感じる粒子である．

実は，現在の宇宙にはニュートリノが満ち溢れている．宇宙初期に起きたビッグバンのときに，大量のニュートリノが宇宙空間に充満した．そのニュートリノの数は宇宙膨張で薄められたが，それでも現在の宇宙に1 cm^3あたり約340個存在する．

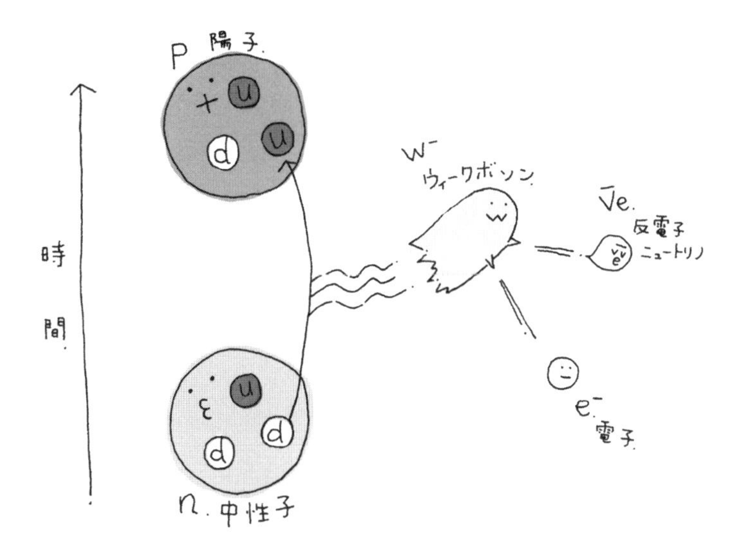

中性子が陽子に変わる際のベータ崩壊のイメージ図．中性子は－$e/3$の電荷を持つdクォーク2個と＋$2e/3$の電荷を持つuクォーク1個からなる，電気を帯びていない素粒子である．その中性子のdクォーク1個がウィークボソンを放出してuクォークに変わり，ウィークボソンはすぐに電子と反電子ニュートリノに崩壊する．

それほどの数のニュートリノが，今この瞬間にも私たちの周りを飛び交っている．だが，私たちはそれを感じることができない．弱い力が弱いため，ほとんど物質と反応せず，私たちの体をすり抜けていってしまうからである．

ニュートリノの観測をするにはきわめて大量の物質が必要となる．たとえば，岐阜県の神岡鉱山に作られたスーパーカミオカンデは，5万トンもの水をタンクに蓄えて，ごくまれに反応するニュートリノをとらえる実験施設である．さらに，水の量を26万トンに増やしたハイパーカミオカンデという将来計画もある．

弱い力が宇宙初期に作られる水素とヘリウムの量に関係する

弱い力の大きさについても，微調整問題が存在する．弱い力が実際の値よりも大き過ぎたり小さ過ぎたりすると，生命が誕生しなかったと考えられるのだ．

宇宙初期のビッグバンにおいて，水素やヘリウムの原子核が作られる．このとき，水素とヘリウムの比は重さにして3：1ほどになる．水素ばかり，あるいはヘリウムばかりになってしまってもおかしくなかった．そうでない微妙な比を持っているのは，このあと説明するように，弱い力の値がちょうどよい値に調整されていたためなのである．

初期のビッグバン宇宙は温度が高く，物質の密度も濃かった．そこから膨張によって温度や密度が下がり，陽子と中性子を原料にして水素とヘリウムができる．水素原子核は陽子1つで成り立っていて，ヘリウム原子核は陽子2個と中性子2個で成り立っている．

まだヘリウム原子核ができる前の宇宙では，陽子と中性子は弱い力の作用によってお互いに入れ替わる反応が起きる．宇宙初期は温度や密度が高いため，弱い力であっても充分な速さで反応が起きるのだ．

このとき，温度が充分に高ければ陽子と中性子の数は等しい．だが，中性子は陽子よりも若干重いため，熱力学の法則により温度が下がるにつれて，陽子にくらべて中性子は作られにくくなっていく．中性子と陽子の質量差に対応するエネルギーの温度[※1]である150億℃あたりを境にして，温度の低

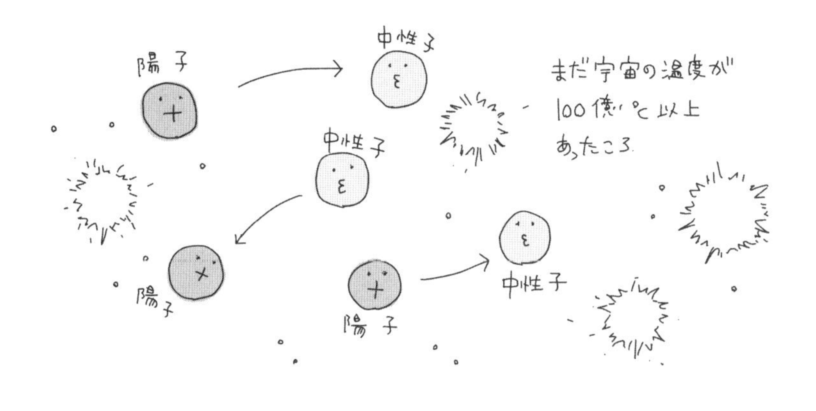

下とともに陽子にくらべて中性子の数は減っていく．

宇宙の温度が100億℃ほどまで下がると，弱い力で陽子と中性子を入れ替える反応が起きなくなる．そのときの陽子と中性子の数の比はだいたい4：1になる．これを材料にして原子核反応が起き，水素とヘリウムの原子核が作られる．単独の中性子はベータ崩壊をして陽子になるため，その原子核反応が起きるまでに陽子と中性子の数の比は7：1にまで広がる．ここまで生き残った中性子のほとんどはヘリウムに取り込まれ，また，ヘリウムに取り込まれなかった陽子はそのまま水素となる．こうして水素とヘリウムが重さにしてほぼ3：1の比で作られるのである．

ここで，陽子と中性子に弱い力が作用しなくなる温度100億℃がだいたい陽子と中性子の質量差に対応する温度150億℃に近いことに注目しよう．この2つの温度には物理的な関係がなく，桁のまったく異なる値であってもかまわなかった．それらが近い値であることは偶然なのだ．弱い力が作用しなくなる温度が約100億℃なのは，フェルミ定数の特定の値による．この温度はフェルミ定数の2/3乗に逆比例して決まる．

弱い力が実際よりも強ければ，弱い力が作用しなくなる温度が100億℃よりも低くなる．もっと温度の下がった遅い時期まで弱い力が作用し，さらにベータ崩壊の寿命も短くなるため，中性子はほとんど消え去ってしまい，陽子ばかりが残される．中性子がなければその後の核反応によってヘリウムも作られない．こうして初期の宇宙は水素ばかりになってしまうのだ※2．

逆に，弱い力が実際よりもさらに弱ければ，この温度はもっと高くなる．まだ温度が高い，早い時期に弱い力が作用しなくなるからだ．この場合は，まだ陽子と中性子の数がほぼ等しい段階で弱い力が作用しなくなる．さらに弱い力が弱いとベータ崩壊の寿命も延びる．したがって，陽子と中性子の数がほとんど等しい段階で核反応が起こり，陽子はすべて中性子と一緒になる．こうして初期の宇宙はヘリウムばかりになってしまうのだ．

弱い力の大きさは人間にとってちょうどよい

さて，弱い力が実際よりもさらに弱ければ初期宇宙はヘリウムばかりになるのだった．宇宙にヘリウムしかなければ，そのあとに星の中で水素が作られることもない．現在の宇宙に水素がなければ，生命に必要な水も存在しないのだ．さらに，そんな宇宙では星がヘリウムを燃料にして輝くことになるが，そんな星は寿命が短くて太陽のように何十億年も安定して輝くことができない．仮に水素なしで生命が作られたとしても，

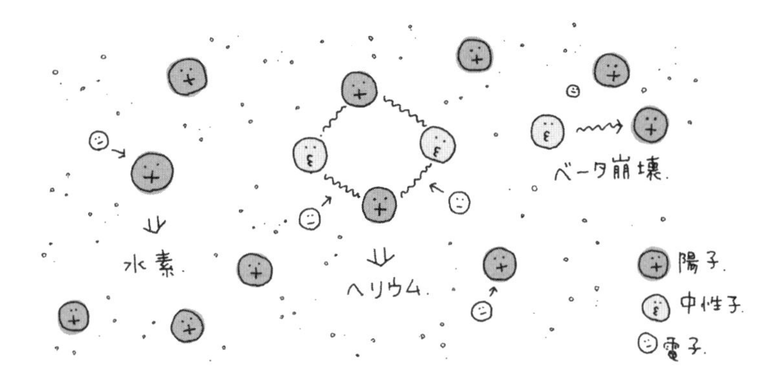

弱い力が実際より強い場合

宇宙の温度が100億℃以下になっても弱い力が作用し続け，中性子がベータ崩壊により陽子に変わり，中性子がほとんどなくなってしまう．中性子がなければ，ヘリウムは作られない．

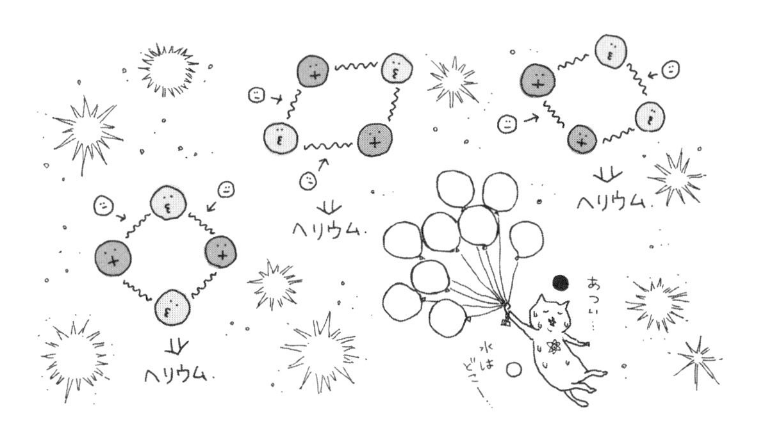

弱い力が実際より弱い場合

宇宙の温度が100億℃より高い温度で弱い力が作用しなくなり，中性子と陽子の数がほぼ等しくなる．弱い力の作用が弱いので，ベータ崩壊も起きにくくなり，陽子と中性子はほぼすべて一緒になり，ヘリウムばかりの宇宙になる．

安定した環境で進化する時間もないのだ．

一方，弱い力が実際よりも強ければ，初期宇宙は水素ばかりになるのだった．この場合は星の中でヘリウムが作られるので，問題はないように思えるかもしれない．だが，その場合には星の中で作られた炭素や酸素など生命に必要な元素が，宇宙にばらまかれなくなってしまうと考えられるのだ．

ある程度重い星の中で作られた多様な元素は，その星が「超新星爆発」をすることによって宇宙空間にばらまかれる．それがまた集まって地球を作り，生命の源になった．重い星の場合，内部の燃料が尽きると圧力が減り，自分自身を支えきれなくなって潰れてしまう．このときの衝撃で爆発が起こるのが超新星爆発である．

超新星爆発は，星の中心部に発生した大量のニュートリノが弱い力を通じて星の外層部にある物質を吹き飛ばして起きる．この状況では物質の密度が異常に大きいため，弱い力も威力を発揮するのだ．超新星爆発の詳しいメカニズムについては未だ明らかになっていないところもある微妙な問題で，適当な条件では簡単に爆発が起きないことが知られている．単純に考えても，もし弱い力が強過ぎるとニュートリノは星の中に閉じ込められてしまって爆発が起きないと考えられる．逆に弱い力が弱過ぎるとニュートリノは物質を吹き飛ばすことができないのでやはり爆発が起きないと考えられる．爆発が起きなければ，せっかくできた炭素や酸素なども宇宙空間にばらまかれない．

私たちの体を作っている元素のうち，水素とヘリウム以外，炭素や窒素や酸素などの元素はすべて星の中で作られたものである．私たちの体の中にある原子がたどってきた歴史をひもとくと，それらはビッグバンと超新星爆発を経験している．私たちがここにいるのも，弱い力の強さを決定しているフェルミ定数がちょうどよい値を持っていたからなのだ．そう考えてみれば，私たちの生活に馴染みが薄い弱い力にも，愛着がわいてくるのではないだろうか．

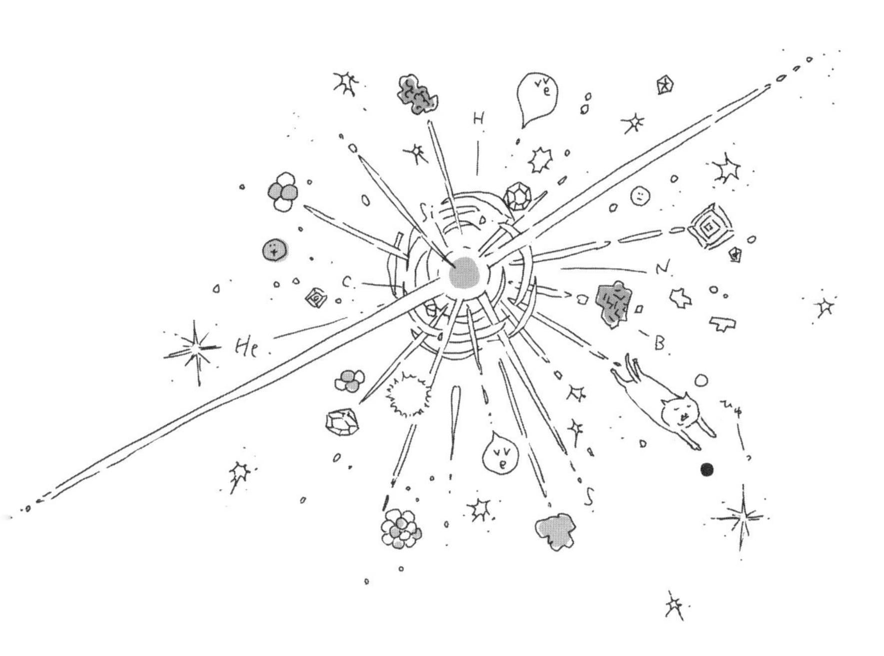

質量の大きな恒星が寿命を迎え，一生を終えるとき起こる爆発を超新星爆発と呼ぶ．その際，恒星のなかで生成されたさまざまな元素を宇宙にまき散らすことで，それが我われ生命の材料になった．

※1　陽子質量と中性子質量の差に光速度の２乗をかけてボルツマン定数で割った値．
※2　B. J. Carr, M. J. Rees, Nature, 278, 605 (1978)

Chapter | 08 |

強い力の大きさ：α_s

強い力とは

私たちの生活にはあまり馴染みのない力として，「弱い力」と「強い力」という変な名前の力があり，前章は弱い力についてのべた．ここでは，強い力について取り上げる．強い力は原子核の中でしか働かないので，私たちには直接感じることができない．強い力，とは勇ましい名前だが，実際にそれは素粒子に働く力としては最強のものなのである．

私たちの身の回りにある物質は原子から成り立っていて，原子は原子核と電子から成り立っているのだった．原子核と電子は電気力によって結び付けられている．電子は素粒子であり，それ以上分解できないが，原子核は陽子と中性子から成り立っている．

読者は，原子核の中にプラスの電気を帯びた陽子が複数個あると聞いて，違和感を覚えなかっただろうか．プラスの電気同士は反発し合うはずなのに，なぜ原子核はバラバラになってしまわないのだろう，という疑問が浮かぶからだ．原子核が存在するためには，その反発力を打ち消して，陽子をつなぎとめておく力が必要だ．それが強い力なのである．原子核は陽子と中性子でできているが，強い力はそれらを強く結びつけている．陽子や中性子はさらに分解できて，それらはクォークが3つ集まってできている．そのクォークを結びつけているのも強い力なのだ．クォークも電気を帯びているが，強い力は電気的な反発力などものともしないほど強い．

ヘリウム原子

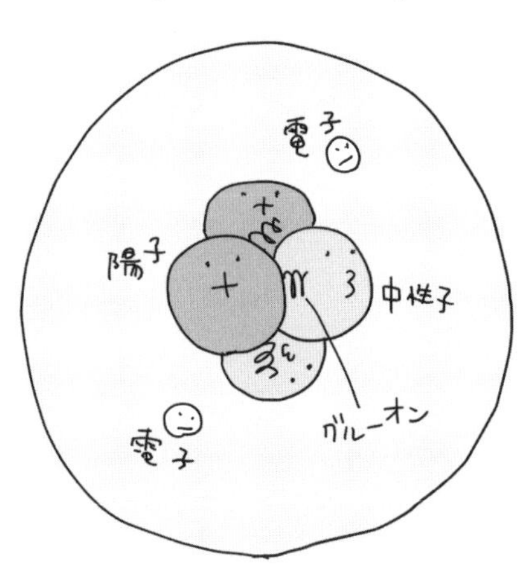

ヘリウム原子核は陽子2個と中性子2個で構成されている．この陽子と中性子は，グルーオンというゲージ粒子が強い力を伝達して結び付けられている．

強い力は距離とともに大きくなる

強い力は奇妙な性質を持っている．ふつう，粒子同士の間に力が働くとき，距離が離れれば離れるほど力が弱くなるのが当然だと思うだろう．万有引力と電磁気力もそうなっているし，弱い力もそうだ．だが，クォーク同士に働く強い力は，距離が離れれば離れるほど強くなる．逆に距離が近付けば近付くほど弱くなる．たとえるならば，強いゴム紐で結び付けられているようなものなのだ．

このため，陽子や中性子の中からクォークを単独で取り出そうとしても取り出せない．もし強引にクォークを引き離そうとすると，ゴム紐のような性質を持つ力の紐が切れて，そ

例えば陽子はdクォーク1つとuクォーク2つから成り立っていて，こちらもグルーオンというゲージ粒子が強い力を伝達してクォーク同士を結びつけている．

の切り口にクォークと反クォークが新しく生まれてもとのクォークにくっついてしまう．結局，単独のクォークが取り出されることはないのだ．

このことがわかる以前には，単独のクォークを見つけようという多大な努力が行われた．ある実験家は，牡蠣が海水に含まれる変わった物質を集める性質を持っていると聞きつけて，大量の牡蠣を集めて粉砕し，その中にクォークを見つけようとしたそうだ．だが，どうしてもクォークを単独で見つけることはできなかったという．このようなすべての努力は無駄骨に終わってしまったのだ．

強い力はこのように距離とともに大きくなるという性質を持っているので，その力の強さを数値で表すには，どの距離で測定するかを決める必要がある．量子論の原理によって，小さな距離を測定しようと思えば大きなエネルギーが必要になる．エネルギーが大きい粒子ほど量子的な波長が短いからだ．

いい換えれば，強い力の大きさはエネルギーによって変化するのである．どのように変化するかはわかっているので，ある特定のエネルギーにおける強い力の大きさを指定すれば，ほかのエネルギーにおける値もわかることになる．特定のエネルギーとして，弱い力を伝える粒子の一つであるZ粒子の質量エネルギー[※1]がよく選ばれる．質量エネルギーが持つ量子論的な波長はコンプトン波長とよばれる．Z粒子の質量をm_{z}とするとき，そのコンプトン波長は$h/m_{\mathrm{z}}c = 1.36 \times 10^{-17}$mである．これは陽子の大きさの100分の1程度に対応する．このエネルギーにおける強い力の大きさを$\alpha_{\mathrm{s}}(m_{\mathrm{z}})$と書くと，その測定値は

$$\alpha_{\mathrm{s}}(m_{\mathrm{z}}) = 0.118$$

である．ここでは詳しい説明を省略するが，この量は単位を

持たないように定義されているということだけをのべておく．

強い力によって3つのクォークがつなぎとめられ，陽子や中性子がその形を保っていられる．さらに強い力は陽子や中性子をつなぎとめる働きも持ち，原子核がその形を保っていられる．陽子や中性子の間に働く力を核力とよぶが，核力の正体は強い力である．このように，強い力は原子核の振る舞いを決定する重要な力なのである．直接的に感じられないので私たちに馴染みが薄いが，実のところ私たちの世界を構成する物質を根元から支えている大事な力なのだ．

トリプル・アルファ反応の妙

強い力の大きさがこの値を持っていることは，私たち生命の存在にとってきわめて重要である．この値が1%でも異なっていたら，私たち人間や生命は宇宙に生まれなかっただろう．強い力の大きさには，かなり厳しい微調整問題が知られている．

生き物を構成する元素の中でもっとも多いのは，水素と炭素と酸素である．炭素と酸素が宇宙に存在するようになったこと自体に強い力の大きさが関係している．

宇宙がビッグバンによって始まった直後には，炭素も酸素もなかった．宇宙に最初あった元素は水素とヘリウムがほとんどで，ほかの元素はあったとしてもきわめて微量しかなかったのである．では，なぜ現在の宇宙に炭素や酸素をはじめとした多様な元素が豊富に存在するのか．それは，宇宙の中で水素やヘリウムが集まって星を作り，星の中で核融合反応が起きたからである．

核融合反応とは，元素の種類を変える反応である．たとえば水素原子核4つからヘリウム原子核ができるという核融合反応が，現在の太陽の中で起きている．

炭素原子核は，星の中でヘリウム原子核が3つ集まることで作られる．ヘリウム原子核はアルファ粒子ともよばれるため，この原子核反応は「トリプル・アルファ反応」とよばれる．

トリプル・アルファ反応は次のように起きる．まずヘリウム原子核が2つぶつかってベリリウム原子核となり，そこへすぐさまもう一つのヘリウム原子核がぶつかって炭素原子核になる．ここでできたベリリウム原子核は安定ではなく，放っておけば自然に壊れてしまうが，次のヘリウム原子核がぶつかってくるまでの時間を生き延びられるほどには寿命が長い．ベリリウムの寿命が充分に長いのは偶然だ．

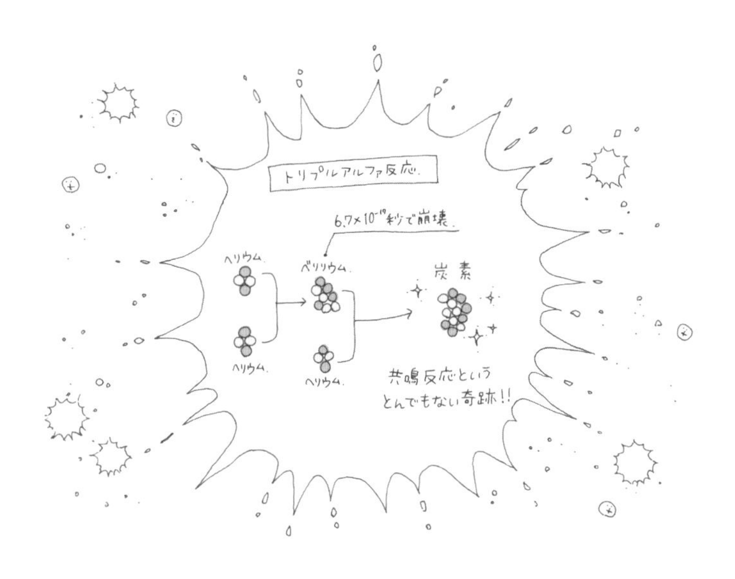

ヘリウム4同士が合体してベリリウム8になり，そこへすぐさまヘリウム4が合体することで炭素12が生まれる．ベリリウム8から炭素12が生まれる仕組みは84ページ上の共鳴反応のイメージにて．

トリプル・アルファ反応が起きるためには，炭素原子核の持つエネルギーの値に特殊な性質が必要だ．原子核のエネルギーはとびとびの値しかとれず，その値をエネルギー準位という．エネルギーの保存則により，エネルギーの総量は原子核反応の前後で変化しない．ベリリウムとヘリウムの持つエネルギーの和は7.3667MeVである[※2]．このエネルギーに衝突のエネルギーが加わることで，最終的にできる炭素原子核のエネルギーはこれよりもう少し大きくなる．その場所に炭素原子核のエネルギー準位があると，その反応が起こりやすくなる．エネルギーがぴったりと合うことで反応確率が増幅される現象であり，これを「共鳴反応」とよぶ．

つまり，炭素原子核のエネルギー準位が 7.3667 MeV より少し上にあれば，トリプル・アルファ反応が効率よく起きて，この世界に炭素ができるのだ．

このことを最初に見つけたのはフレッド・ホイルというイギリスの物理学者であった．最初はそのエネルギー準位が実際にあるのか知られていなかった．強い力の特殊な性質のために，原子核のエネルギー準位を理論的に導き出すことはむずかしい．そこでホイルは，この世界には炭素が実際にあるのだから，7.7 MeV 付近に炭素原子核のエネルギー準位があるはずだと予想したのだ．そして実際に実験が行われてみるとホイルの予想したとおりで，それまで知られていなかったエネルギー準位が7.6549 MeV に見つかったのである[※3]．

この論理はとてもおもしろい．この宇宙には人間のような生命がいるのだから炭素が必ず作られたはずであり，したがって炭素原子核には特定のエネルギー準位がなければならない，

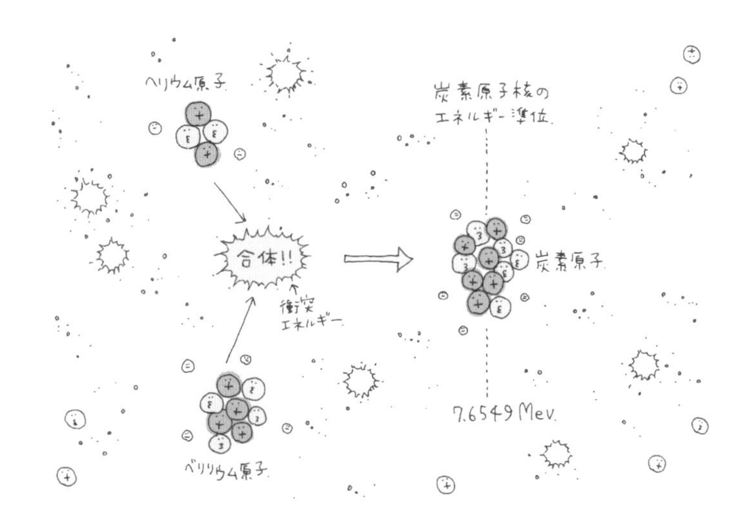

ヘリウム4とベリリウム8の持つエネルギーの和が，炭素原子のエネルギー準位7.6549Mevのすぐ下である7.3667Mevであるため，そこに衝突エネルギーが加わって効率よく炭素が生み出される．

という論理だ．炭素原子のエネルギー準位は強い力の大きさに敏感だ．強い力が大きかったり小さかったりするとエネルギー準位がずれてしまい，トリプル・アルファ反応が効率よく起こらなくなる．

炭素と酸素をどちらも作るためには強い力に厳しい微調整が必要

こうしてトリプル・アルファ反応によって炭素原子核ができても，もう一度ヘリウム原子核がぶつかってくると酸素原子核になってしまう．こちらにも効率のよい共鳴反応があったとすると，せっかくできた炭素原子核がほとんどなくなってしまう．ところが，実際の酸素原子核のエネルギー準位は炭素とヘリウムのエネルギーの和である 7.1616 MeV のすぐ下，7.1187 MeV にあるのだ．エネルギー準位がすぐ上にあれば衝突のエネルギーを加えてそこに達することができるが，下にあってもそこに行くことはできない．酸素原子核のエネルギー準位がもう少し大きかったら，共鳴反応によって炭素原子核がほとんど酸素原子核になってしまう．つまり，この世界に炭素と酸素がどちらも作られて生命が生まれるためには，炭素と酸素の原子核のエネルギー準位に微調整が必要なのだ．

上述のように，原子核のエネルギー準位は，強い力の大きさに敏感だ．強い力を0.4%変化させるだけで，この宇宙には炭素がほとんどなくなってしまうか，酸素がほとんどなくなってしまうかのどちらかになる[※4,5]．

生命には炭素も酸素もどちらも必要だ．炭素は生命を機能させるタンパク質を構成するうえで中心的な役割を果たしている．酸素がなければ生命にとって必須と思われる水が存在しない．強い力の大きさもまた，この宇宙に生命が生まれ育つためのちょうどよい値に微調整されて選ばれているのだ．

※1　質量 m が持つ質量エネルギーとはアインシュタインの式 $E=mc^2$ で与えられるエネルギーである．

※2　MeVはエネルギーの単位で，標準単位系では$1.602176634 \times 10^{-13}$ジュールに対応する．

※3　F.Hoyle, D. N. F. Dunbar, W. A. Wensel, and W. Whaling, Phys. Rev. 92, 649 (1953)

※4　H. Oberhummer, A. Csótó, H. Schlattl, Science 289, 88 (2000).

※5　原子核のエネルギー準位は電気素量にもある程度敏感であり，強い力を固定して電気素量を4%変化させても同じことになる．

Chapter | 09 |

電子・陽子・中性子の質量：m_e, m_p, m_n

重さと質量

ほとんどの人にとって体重は気になるものだ．筆者は子どものころに痩せている方だったため，体重を増やすことが課題の一つだった．食べたいだけ食べても太ることがない，といえば聞こえはいいが，当時はそんなに食欲もなく，どちらかといえば食事することが苦痛だったのだ．だが，最近ではそのようなこともなくなった．ちょっと油断するとすぐに体重が増えてしまうので，逆に体重を減らすことが課題になってしまった．悲しいといえば悲しいが，食事が苦痛なのよりはましかもしれない．

そもそも，重さとは一体なんだろう．ものが重いというのは当たり前のことであって，ふだんの生活のうえでは疑問にすら思わないが，よく考えてみれば不思議なことだ．だが，ものが重くなければ困ったことになる．そもそも私たちは地球の上に立って歩けなくなる．もし重さというものがなければ，私たちはこの世の中に存在すらしていないだろう．

重さというのは，地球が物体を下に引っ張る力だが，その力は物体の質量に比例する．質量とは，物体に本来的に備わっている量である．地球上では重さも質量もあまり区別がつかないが，正確にいえば重さというのは地球上でしか意味がなく，質量というのはどこでも意味がある．以下では，重さという言葉を避けて，質量という言葉を使うことにしよう．

もし質量がゼロならば

物理学的に見れば，質量とはものの動かしにくさを表して

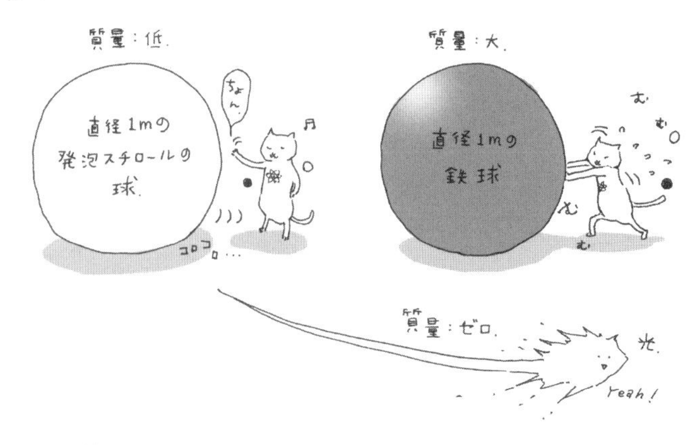

質量とは，物体の動かしにくさの度合いを表す量のことで，大きさが同じ発砲スチロールの球と鉄球をイメージすると，質量の小さな発泡スチロールの方が簡単に動かしやすいのが想像できる．ちなみに，質量が完全にゼロの光子は光速で移動し続ける．

いる．質量の大きなものほど動かしにくいことは，日常的にもよく経験するだろう．力士が太っているのはまさにそのためである．動かすためには大きな力が必要になるからだ．逆にいえば，質量の小さなものほど小さな力で簡単に動かすことができる．

極限的には，質量がゼロであれば力を加えなくても最大の速さで動いてしまう．この世の中で最大の速さとは光速である．光は光速で動いているが，光の粒子である光子はまさに質量が完全にゼロなのだ．質量がゼロの粒子は止まっているということができずにいつも光速で移動し続けなければならない．泳ぐのを止めると死んでしまうというサメやマグロのようなものなのだ．私たちの体重がもしゼロならば，つねに光速で動き続けなければならなくなってしまい，困ったことになる．

さて，私たちの体重をはじめとして，ものの質量は何が決めているのかといえば，もちろん私たちの体を作っている物質である．物質とは何かといえば，原子を寄せ集めたものだから，原子の質量が元になってすべての質量が決まっている．原子は原子核と電子から成り立っていて，原子核は陽子と中性子から成り立っているので，電子・陽子・中性子の質量が，私たちの体をはじめとして身の回りにあるすべての物質の質量を決めている．

電子の質量

前述のように，私たちの身の回りにある物質は原子で成り立っている．もともと，原子という名前はそれ以上分解できないもの，という意味であり，最初はそう考えられていたが，実際には分解できないわけではなかった．原子は，プラスに帯電した原子核とマイナスに帯電した電子から成り立っている．

原子核はさらに陽子と中性子に分解できるが，電子はそれ以上細かな粒子に分解できない素粒子だと考えられている．電子の質量は

$$m_\mathrm{e} = 9.1093835 \times 10^{-31}\ \mathrm{kg}$$

である．上の記号で添字の e は電子electronを表している．電子の質量は基本的な物理定数の一つであって，理論的には決

められず，測定して得ることしかできない数値である．

陽子と中性子の質量

電子の質量は，原子核の質量にくらべてかなり軽い．このため原子というのは，原子核が原子の中心にいて，その周囲を電子が取り巻いているという構造になっている．原子核を構成している陽子と中性子の質量はそれぞれ，

$$m_{\mathrm{p}} = 1.67262190 \times 10^{-27}\ \mathrm{kg}$$

$$m_{\mathrm{n}} = 1.67492747 \times 10^{-27}\ \mathrm{kg}$$

である．上の記号でpは陽子protonを表し，nは中性子neutronを表している．どちらもほぼ同じ質量を持っていて，電子の質量とくらべてみると1840倍ほど重い．

陽子や中性子の質量は，基本的な物理定数ではない．それらはクォークが強い力で結びついた複合的な粒子だからである．だからといって，それらの質量は，クォークの質量を単に足し合わせたものではない．クォークを結びつけている強い力や電磁気力のエネルギーが質量に寄与するからである．エネルギーが集中すると，それは質量を生み出すのだ．これはアインシュタインの有名な関係式$E=mc^2$で表される現象だ．

実際，陽子や中性子を構成する3つのクォーク質量の合計は全体の1%程度しかなく，強い力のエネルギーが陽子や中性

子の質量の大部分に寄与している．したがって，その質量は強い力の大きさに敏感だ．

だが，強い力の大きさと，陽子や中性子の質量との間の関係はかなり複雑だ．その関係は理論的に精度よく決められていない．強い力の大きさがあまり精度よく決められていないのに，陽子や中性子の質量が精度よく決められているのは，後者が直接的に測定できる観測量だからである．

電子の質量が軽いことは私たちの存在に必要

電子は，陽子や中性子にくらべて，どうしてこれほど軽いのだろう．電子の質量は基本的な物理定数なので，その値に理論的理由はない．だが，電子が陽子や中性子よりもここまで軽くなかったら，私たちの存在はなかったと思われるのである．

電子が陽子や中性子よりずっと軽いことによって，原子の中で電子は原子よりも空間的に大きく広がっていられる．もし電子がもっと重かったら，電子の空間的広がりはもっと小さくなってしまうだろう．すると，私たちの身の回りにある物体は，その形を保つのがむずかしくなる．固体は電子を通じて原子核が空間的に固定されたものだからだ．電子が陽子や中性子の重さに近いと，もはやそうした構造は保たれない．

さらに，もし電子の質量が実際の値からずれていた場合，原子の化学的性質も変化してしまう．とくに生命のDNAにおける2重らせん構造の長さや大きさが変化してしまえば，それが正しく自己複製するのがむずかしくなってしまうだろう[※1]．

また，陽子と中性子の質量は非常に近いが，中性子の方が陽子よりもわずか0.14%ほど重い．その質量差 $\Delta m = m_{\mathrm{n}} - m_{\mathrm{p}}$

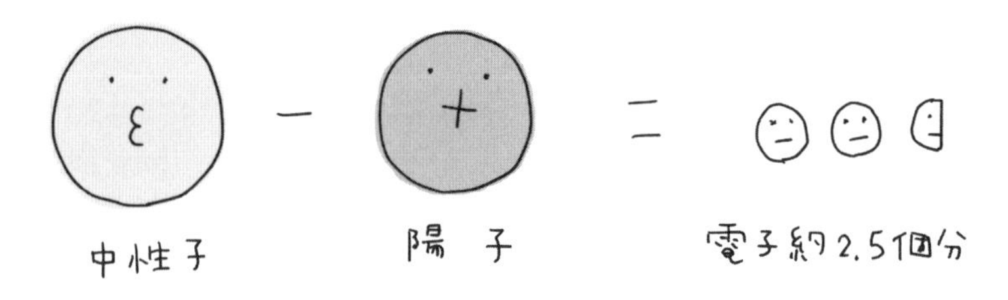

中性子と陽子の質量差は，電子の質量の約2.5個分である．

は約2.3×10^{-30}kgであり，電子の質量の約2.5倍である．電子の質量がちょうど中性子と陽子の質量差より少し小さめの値になっていることは，物理法則の観点からは偶然である．だが，この関係性が崩れると，ベータ崩壊という反応が起こらない．ベータ崩壊とは，中性子が自然に電子とニュートリノを放出して陽子になるという反応（中性子→陽子＋電子＋ニュートリノ）で，弱い力を介して起きる現象である．

もし電子の質量が実際よりも2.5倍以上大きいような世界があったらどうだろうか．そんな世界では中性子の質量よりも陽子と電子を足した質量の方が大きくなってしまい，エネルギー保存則の観点からベータ崩壊は起こらなくなる．その代わりに，陽子が電子を吸収してニュートリノを放出し，中性子になるという反応（陽子＋電子→中性子＋ニュートリノ）が可能になる．

このような反応が起きると，原子は安定でいられなくなる．たとえば，水素原子は陽子と電子でできているが，上の反応が自然に起きれば，ニュートリノを放出して中性子になってしまう．同じようにして，あらゆる原子核は中性子になってしまう．このような世界には原子核の周りに電子が取り巻いた原子が存在せず，私たちがよく知るような物質も存在しない．生命はおろか，私たちが通常目にする世界は存在しないだろう．宇宙にある天体としては，中性子が集まってできたきわめて密度の高い中性子星か，あるいはブラックホールだけになってしまうだろう※2．

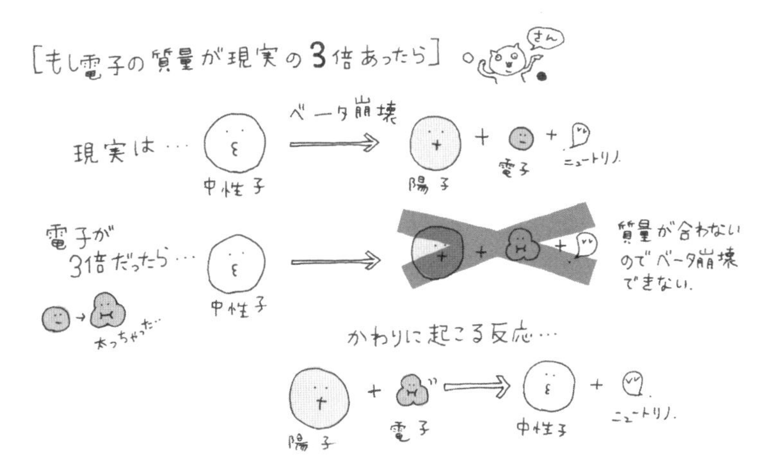

チャプター7で紹介した中性子が電子やニュートリノを放出して陽子になるベータ崩壊は，もし電子の質量が大きくなってしまうと，質量（エネルギー）保存の法則が成り立たなくなるので，中性子から陽子に変わるベータ崩壊が起きない．その代わり，陽子が電子を吸収してニュートリノを放出して中性子になるという反応が可能となる．

中性子と陽子の質量差も私たちにとってちょうどよい

もし中性子と陽子の質量差 Δmが実際の2倍以上あっても，生命にとっては都合が悪い．水素がヘリウムになる原子核反応では，まず2つの水素原子核がぶつかって陽子と中性子が結合した2重水素を作り，陽電子とニュートリノを放出する．2重水素の質量は水素2つの質量の和よりも0.1%ほど小さいので，エネルギー的に陽電子とニュートリノを放出することができる．だが，もし中性子と陽子の質量差が実際の2倍以上あると，中性子は陽子よりも0.3%以上重くなる．すると2重水素の質量が水素2つの質量の和よりも大きくなってしまい，陽電子とニュートリノを放出するエネルギーがなくなる．こうして，水素から2重水素を作る反応が起こらなくなるのである[※3]．

2重水素が作られなければ星の中で核融合反応がうまく進まなくなり，太陽のように何十億年も輝き続ける星はなくなってしまうだろう．地球のように生命にとって都合のいい環境は作られず，私たち人間も存在しなかったであろう．

逆に，中性子と陽子の質量差 Δm が実際より小さいとどうだろうか．この質量差が電子の質量よりも小さくなると，電子の質量が実際より大きい場合を考えた場合と話は同じになる．すなわち，陽子が電子を吸収して中性子になるため，この世の中のすべての物質は中性子になる．そんな宇宙にある天体は，中性子星かブラックホールだけである．

陽子や中性子の質量はほかの物理定数と独立ではなく，強い力の大きさと電気素量とクォーク質量という基本的な物理定数の組み合わせによって決まっている．中性子と陽子の質

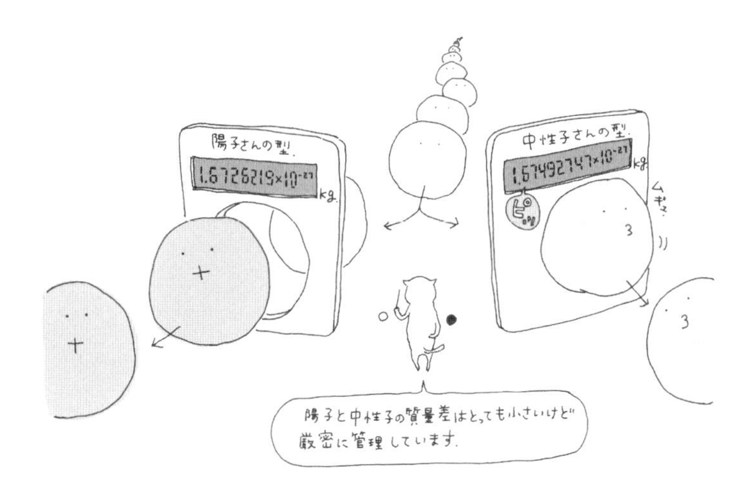

この世界が誕生するためには，陽子と中性子の絶妙な質量差の関係が重要だ．宇宙が生まれたとき，誰かがきちんとこの質量差を管理していたとしか思えないような奇跡ではないだろうか．

量差 Δm が私たちにとってちょうどよい値を持つということは，これらの物理量の間に絶妙な微調整が働いていることになる．この世の中はまことに生命にとって都合よくできている，ということを身にしみて実感させてくれる奇妙な事実の一つだ．

※1　T. Regge in Atti del convegno Mendeleeviano, Acad. Del Sci. de Torino (1971)

※2　J. D. Barrow, F. J. Tipler 'The Anthropic Cosmological Principle.' Oxford: Oxford University Press (1986)

※3　R. Collins, in N. A. Manson (ed.), *God and Design: The Teleological Argument and Modern Science.* Routledge. pp.80-178 (2003)

Chapter | 10 |

ハッブル定数：H_0

宇宙が膨張するとはどういうことか

これまでは，おもに物理の基本法則に関わる物理定数を扱ってきたが，ここからは宇宙のパラメータについてのべていく．最初は有名なハッブル定数についてである．

読者は，宇宙が膨張しているということをどこかで聞いたことがあるだろう．宇宙膨張とはふつうの物質が膨張するのとは違うため，直感的にわかりにくいところがあると思う．ふだんの生活で経験できるようなものではないからだ．

物質が膨張するときには，空間の中にあるものが空間に対して膨張している．たとえば，部屋の中で風船を膨らませると風船の体積が膨張するが，風船を取り巻いている部屋自体は膨張しない．つまり物体の膨張というのは空間が固定された中で，空間に対して膨張するといえる．

これに対して，宇宙の膨張というのは空間そのものが膨張するのだ．空間というのは目に見えないので，膨張しているといわれてもなかなかイメージがわかないのも当然だ．もし空間のいろいろな場所に目印を付けることができたなら，その目印の距離は離れていく．それは，目印と目印の間にあった空間が膨張によって増えるためである．

イメージとしては，いくつものレーズンをまぶしたパン生地を，オーブンに入れて焼き，レーズンパンを作るときのことを思い浮かべるとよい．この場合はレーズンが空間に置いた目印で，パン生地が空間だ．パンが焼かれて膨らむと，レーズンとレーズンの間の距離が離れていく．その間にあるパン生地が膨らむからだ．空間の膨張というのは，この場合のパ

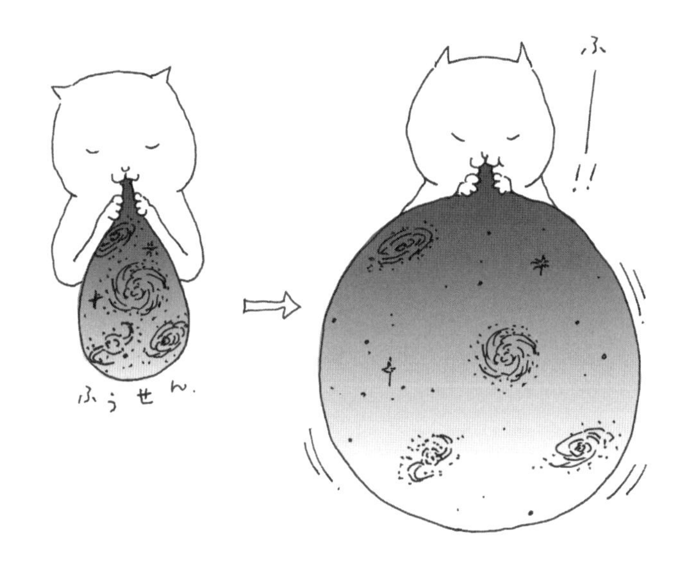

宇宙の膨張は，風船を膨らませるように空間のみが広がっていく．そのため，ひとかたまりになっている銀河や銀河団といったものの大きさには影響を与えず，その間の空間がどんどん広がっていくイメージだ．

ン生地の膨張に似ている．

宇宙の膨張では，空間に置いた目印に対応するのが多数の銀河だ．レーズンパンの膨張において目印であるレーズンが膨張しないのと同様，宇宙の膨張において銀河は膨張しない．レーズンは多少引っ張っても膨張しない塊なので，パン生地が膨張してもレーズンの大きさは変わらない．

これと同じように，宇宙の膨張においても，銀河は自分自身の重力でひとかたまりになっているため，空間が膨張しても銀河の大きさは変わらない．

銀河よりも大きな天体の単位として，数百個から数千個の銀河の集団である「銀河団」というものがある．これも自分自身の重力によってひとかたまりになっているため，宇宙膨張によって大きくならないのだ．先ほどのレーズンパンのたとえでいえば，いくつかのレーズンがくっついてしまって，パンを焼いても離れない塊になってしまった状況と似ている．

宇宙膨張で距離が離れていくのは，銀河団の大きさよりもずっと離れた銀河同士の距離である．それより小さなものは宇宙の膨張と一緒に膨張することはない．地球や太陽など，銀河の中にある天体も同様である．私たちの体も膨張してはいない．

宇宙の膨張では，宇宙のどの場所にある銀河から見ても，自分を中心にして遠方の銀河ほど速く遠ざかっていくように見える．だが，それは自分が宇宙の中心にいるということではなく，どこから見てもそのように見えるのだ．宇宙膨張は，どこかを中心にして膨張しているわけではない．

ハッブル＝ルメートルの法則とハッブル定数

ハッブル定数とは，宇宙膨張の速さを表す数である．空間が膨張するということは，遠方の銀河までの空間の量が増えることを意味するため，距離が遠ければ遠いほど空間の量の増え方が大きくなる．遠方銀河までの距離rとその銀河が遠ざかる速さvの間には，平均的に見て$v = H_0 r$という関係が成り立つ．これがハッブル＝ルメートルの法則であり，その比例定数H_0がハッブル定数である．ハッブル定数の値は

$$H_0 = 67.7\,\mathrm{km\ s^{-1}\,Mpc^{-1}}$$

宇宙に創造神がいるとしたら，宇宙が誕生したときのような肺活量は期待できないかもしれない…．(注：現在の宇宙の膨張は，少しずつ速くなっているということがわかっている)

である．ただし，Mpc（メガパーセクと読む）とは距離の単位で1 Mpc = 3.09 × 10^{22} mを表す．平均的に1Mpc離れるごとに，ハッブル定数の値だけ遠ざかる速さが増えるのだ．ただし，ハッブル定数の正確な測定は容易でなく，上の数値には数%の不定性がある．複数の観測手法を使った見積もりの間にもばらつきがあり，ハッブル定数の値が70を少し超えているという報告もある．

宇宙が膨張しているかもしれないことに初めて気が付いたのは，ロシアの物理学者アレクサンドル・フリードマンだ．1922年に彼は，アインシュタインの一般相対性理論に基づいて宇宙の全体的な時空構造を考えた．その結果，宇宙空間は膨張するか収縮するかのどちらかにしかならないという結論に達した．アインシュタインも宇宙の全体構造を考えていたが，当初は宇宙が膨張も収縮もするはずはないと考えていたので，同じ結論には至らなかったのである．

実際の宇宙が膨張していることに初めて気付いたのは，ベルギーの物理学者ジョルジュ・ルメートルだ．彼はカトリック教会の司祭でもあるという異色の宇宙物理学者だ．1927年には，宇宙膨張の割合を遠方銀河の観測データから見積もり，今日ハッブル定数とよばれている値を初めて求めた．だが，彼の研究はベルギーの地味な学術雑誌にフランス語で発表されたこともあり，当時はあまり知れ渡らなかった．米国の物理学者エドウィン・ハッブルが1929年にハッブル定数を見出して有名になったため，ハッブルが宇宙膨張の第一発見者として有名になった．だが，最近になってようやくルメートルの功績も再評価されつつある．

ハッブル定数は時間的な定数ではない

ハッブル定数は，宇宙のどこでも同じ値になるもの，という意味では定数だ．これは，宇宙にはどこにも特別な場所や特別な方向がないという性質に基づいている．この性質は宇宙の一様等方性とよばれる．これまでの観測では，宇宙の一様等方性に反する明白な証拠は見つかっていない．

ハッブル定数は空間的にどこでも同じ値を持つ定数であるのだが，時間的には定数ではない．宇宙膨張の速さは時間とともに変化するからだ．この意味で，ほかの物理定数のように時間的にも空間的にも変化しない定数というわけではないので注意が必要だ．

ハッブル定数を表す記号H_0に添字0が付いているのは，現在時刻での値だということを明示するためである．過去や未来における値は時間tの関数として$H(t)$という記号で表される．したがって，現在時刻（＝138億年）をt_0とすれば，$H_0=H(t_0)$である．

ハッブル定数は宇宙の膨張率を表す

ハッブル定数の単位km/s/Mpcをよく見てみれば，距離の単位が2つ入っていることに気が付くだろう．Mpcはkmで表せるので，距離の単位を消すことができる．そうして得られる値は，1秒あたりの宇宙の膨張率を表すことになる．実際，このようにしてハッブル定数の値を毎秒あたりの膨張率に直すと$H_0=2.19\times10^{-18}$/sとなる．特定の長さに対して1秒間に

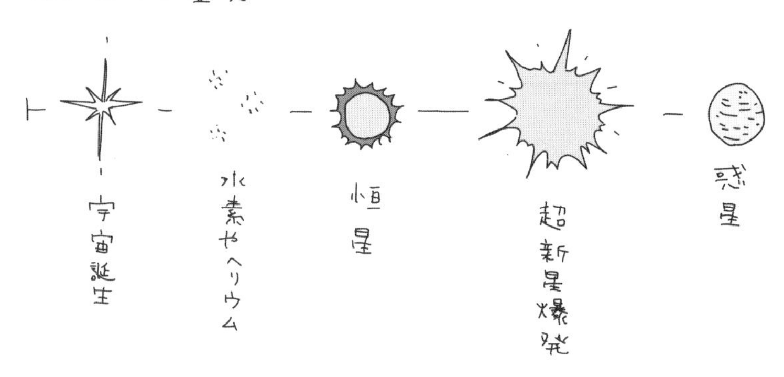

宇宙が誕生し，星が生まれ，生物が誕生し知的生命へと進化する時間を考えると，
宇宙が誕生して138億年の世界に人間が存在するのは自然なことかもしれない．

これだけの割合しか膨張していないことになる．宇宙全体で平均したとき，1万kmの長さを考えても，1年間で0.6 mmほど増えるに過ぎない．

宇宙の膨張率は，昔に遡れば遡るほど大きくなる．つまりハッブル定数は昔ほど大きかったのだ．たとえば，宇宙の始まりから100秒後を考えると，そのときのハッブル定数の値は H(100秒) = 0.02/s である．すなわち，このときには宇宙が1秒あたり2％も膨張していた．さらにもっと遡って宇宙の始まりから1秒後を考えると，ハッブル定数の値は H(1秒) = 2 /s になる．宇宙が1秒あたり2倍という率で膨張していたのである．

宇宙年齢と弱い人間原理

現在のハッブル定数から計算される宇宙の膨張率が小さいのは，それだけ宇宙年齢が長いということを意味する．大まかな話として，ハッブル定数の逆数 $1/H_0$ は宇宙の年齢にだい

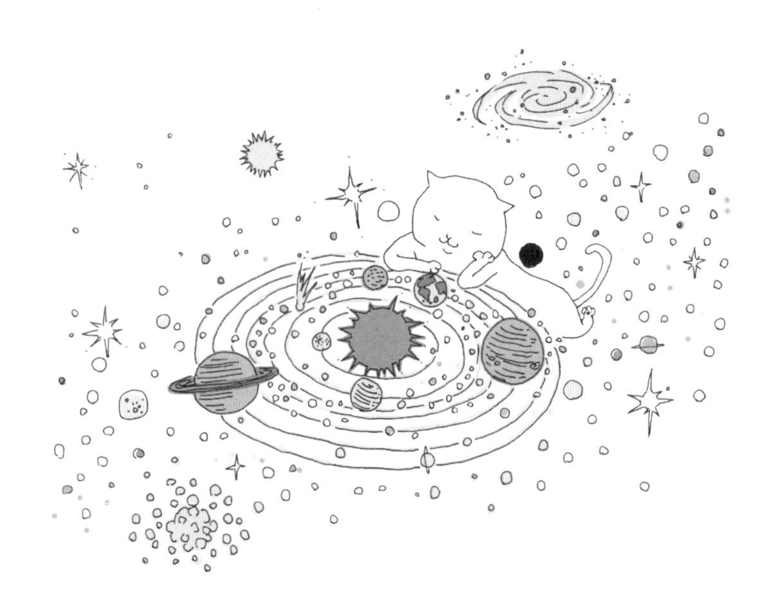

たい対応する．実際にハッブル定数の逆数を計算すると，その値は約144億年になる．正確な宇宙年齢は138億年なので，大まかに合っている．

私たちの世界でハッブル定数が特定の値を取っているのは，私たちが年齢138億歳の宇宙に住んでいるからと説明できる．もし，観測されたハッブル定数の値がもっと大きかったら，それは宇宙の年齢がもっと若いことを意味する．だが，ハッブル定数が実際の10倍もあるような宇宙では，宇宙年齢が10億年ほどになってしまう．そんなに短い宇宙年齢では，宇宙に人間が進化して生まれるための時間がない．

米国の物理学者ロバート・ディッケは，私たちが年齢100億年程度の宇宙に住んでいることは偶然ではないと考えた[※1]．私たちのような生命が生まれるためには，少なくとも一度星ができてからそれが超新星爆発を起こし，多様な元素を宇宙空間にばらまく必要がある．それらがまた集まって太陽のような星と惑星ができ，さらに人間のような知的生命が進化する．それには少なくとも100億年程度はかかるだろう．さらに，宇宙年齢が100億年よりもずっと長ければ，太陽のような星は燃え尽きてしまう．こうして，私たちの住む宇宙の年齢は100億年程度でなければならない，というのである．

オーストラリアの物理学者ブランドン・カーターは，こうした論理を「弱い人間原理」と名付けた※2．宇宙には特別な場所がないというコペルニクス原理に対する言葉として，人間原理という言葉が選ばれた．人間原理は，人間がいる場所が特別な場所だということを意味している．ディッケの論理では，確かに人間は時間的に宇宙の特別な場所でしか生きられない．だが，宇宙を見回せばそういう場所は必ずあるわけで，そこに人間がいるのは偶然ではない．これを弱い人間原理と読んだのである．

一方でカーターは「強い人間原理」というのも考えた．それは，物理定数など宇宙全体の性質に関わる値が，人間の存在を許すようなものになっていなければならない，という原理である．これは，本書のテーマでもある宇宙の微調整問題に関係している．物理定数の値は人間にとってちょうどよく微調整されているように見えるのだが，それは強い人間原理によって説明されるというのだ．

※1　R. H. Dicke, Nature 192, 440 (1961).

※2　B. Carter, "Large number coincidences and the anthropic principle in cosmology", in *Confrontation of cosmological theories with observational data; Proceedings of the Symposium*, *Krakow*, Poland, September 10-12, 1973. Dordrecht, D. Reidel Publishing Co., 1974, pp.291-298

Chapter 11

宇宙の密度パラメータ：Ω_0

宇宙にある通常物質とダークマター

宇宙にはいったいどれだけの量の物質があるのだろう．宇宙の中にはいろいろなものが存在している．私たちの体や惑星，星などは原子などから成り立っている．また，宇宙空間には光やニュートリノなどの粒子もある．これら原子や光，ニュートリノなどを通常物質とよぶことにしよう[※1]．

一方，宇宙には通常物質では説明のつかない物質も大量にある．それは，ダークマターもしくは暗黒物質とよばれるもので，宇宙全体で平均すると通常物質の6倍も存在している．

ダークマターは光を放射したり吸収したりしないため，直接的に観測するということがむずかしい．ではなぜダークマターがあるとわかるのかといえば，ダークマターには重力が作用するためだ．ダークマターがあると，その重力によって周りの通常物質を引き寄せたり，そこを通る光の進路を曲げたりするので，間接的にそれが存在するとわかる．

ダークマターの強い引力が銀河や銀河団をまとめている．

たとえば，私たちのいる天の川銀河は円盤状の形をしていて，星ぼしは円盤の中心の周りに回転している．もしダークマターの重力がなければ星の速さは実際よりも遅いはずなのだ．

また，ダークマターが集まっているところを通ってきた光は曲げられる．地球から見てダークマターの奥にある遠方の銀河を見ると，ダークマターの重力によって光が曲げられ，銀河の像が歪んで見えるのだ．

ダークマターが重力以外の力を受けるかどうかは不明だ．もし受けるのならば実験でダークマターを見つけ出すことも可能だが，今のところそうした確実な証拠はない．その意味でダークマターは未知の物質なのだが，宇宙空間に存在していることはほぼ確実だ．

ダークマターの引力がなければ，銀河中の星の動きはもっと遅くなる．

宇宙の密度パラメータとは

星や銀河をバラバラにして宇宙空間に均等に広げ，ダークマターも同じように均等に広げたとすると，その重さは1立方メートルあたり水素原子1.6個分しかない．いかに宇宙がスカスカなものかがわかるだろう．

この通常物質とダークマターを合わせた密度を，臨界密度とよばれる基準値 $3H_0^2/8\pi G$ で割った値が密度パラメータΩ_0である．ここでH_0は前章で出てきたハッブル定数であり，Gは重力定数である．臨界密度は1立方メートルあたり水素原子5.1個分ほどに相当する．測定された密度パラメータの値は

$$\Omega_0 = 0.311$$

である．

密度自体は時間が経てば薄まり，臨界密度も時間変化する．このため，密度パラメータの値も時間変化し，一般には宇宙が始まってからの時間tの関数 $\Omega(t)$となる．添字0は現在時刻での値を表していて，現在の宇宙年齢をt_0とすると，$\Omega_0 = \Omega(t_0)$ である．

時間に依存する物質密度パラメータΩは，時間を遡れば遡るほど1に近付くという性質を持っている．現在の宇宙年齢138億年における物質密度パラメータは上のようにほぼ0.31であるが，たとえば宇宙年齢が50億年だったころのパラメー

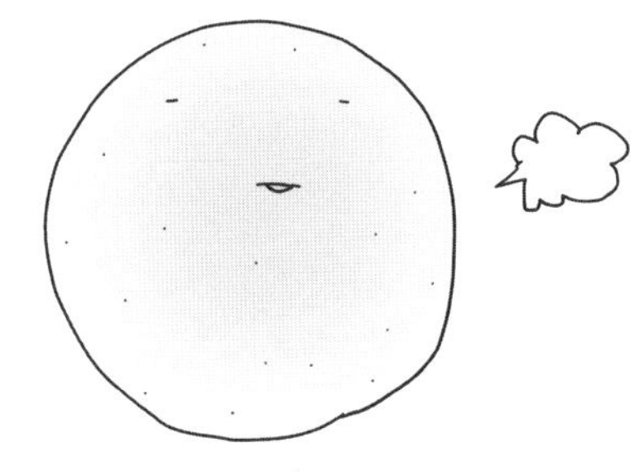

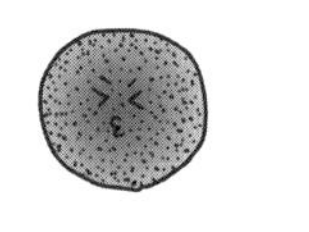

タの値は0.83ほどになる．さらに，宇宙年齢が1億年では0.99992，1千万年では0.9999992などと，時間を遡れば限りなく1に近付いていく．

宇宙初期の密度パラメータ

宇宙初期へ遡るほど密度パラメータの値が1に近付くという事実は，密度パラメータの値が時間とともに1からどんどん離れていくことの裏返しだ．初期の宇宙では密度パラメータがきわめて1に近い値に微調整されている．

密度パラメータは，物質の持つ重力のエネルギーと宇宙が膨張するエネルギーのバランスで決まっている．重力エネルギーの方が大きければ密度パラメータの値は大きくなり，膨張エネルギーの方が大きければ密度パラメータの値は小さくなる．両者のバランスが正確に等しいときに1になるのだ．

宇宙初期に密度パラメータの値が1より少しでも大きければ，重力エネルギーが膨張エネルギーを上回る．重力エネルギーが宇宙空間を引っ張り合うので，宇宙はすぐに膨張から収縮に転じて潰れてしまう．この場合には，宇宙に星や銀河ができる前に宇宙の運命が尽きてしまうだろう．生命が誕生して進化する時間も場所もない．

逆に，宇宙初期の密度パラメータの値が1より少しでも小さければ，重力エネルギーを膨張エネルギーが上回り，宇宙の膨張が速くなり過ぎる．この場合には，宇宙にある物質が集まって星や銀河を作る前に，物質は宇宙空間に薄く広がってしまうだろう．もちろん太陽系ができることもなく，生命がこの宇宙に生まれることもないだろう．

宇宙が始まってから1秒後を考えると，その当時の密度パラメータの値が0.999999999999999から1.000000000000001の間になければ，宇宙の寿命が短過ぎるか膨張が速過ぎるかのどちらかになり，この宇宙に天体はできず，生命が生まれることもなかったと考えられるのだ．これは驚くべき微調整である．

インフレーション理論が救世主か

この微調整問題については，理論的に見事な解決方法がある．それは，インフレーション理論とよばれるものだ．この理論では，宇宙のきわめて初期の段階，たとえば宇宙が始まってから 10^{-34} 秒くらいまでに，宇宙が現在とはくらべものにならない急膨張をした時期があったとする．その急膨張のことをインフレーションとよぶ．

この急膨張を起こす時間はとても短いにも関わらず，その間に宇宙の大きさは43桁もの数字で表されるほど大きく膨

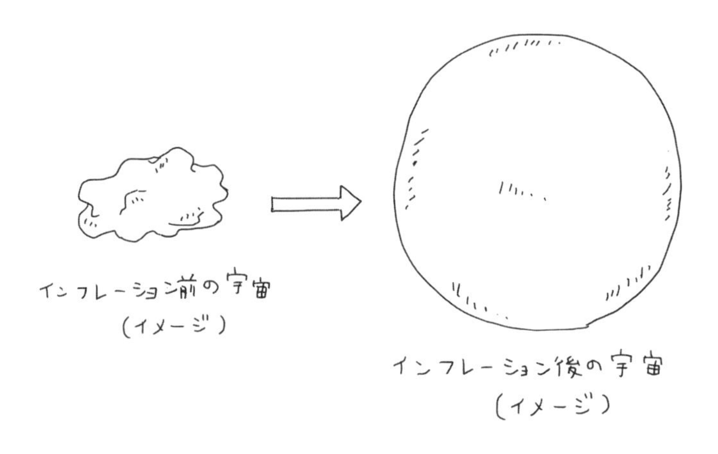

誕生したばかりの宇宙は非一様なものだったとしても，インフレーションが起こったとすれば現在のように一様な宇宙ができあがる.

張する．インフレーションは短い時間で終了し，その後は現在の宇宙膨張につながるような比較的ゆったりとした膨張に変わるものとされる.

このようなことが起きると，上にのべたような密度パラメータの調整が自動的に行われる．インフレーション理論は今のところ仮説だが，このような微調整問題を解決できるというので，魅力的な理論なのである.

インフレーションが充分に起きると密度パラメータの値が非常に高い精度で1に微調整されてしまうので，そのままだと現在の密度パラメータの値も1でなければならないように見える．だが，次のチャプターにのべる宇宙定数の存在によって，現在の宇宙で密度パラメータが1に満たない分は説明可能だ.

インフレーション理論が説明するのは，密度パラメータの微調整問題だけではない．この宇宙がなぜこれほど広い範囲で一様なのか，なぜどの方向を見ても同じような宇宙が広がっているのか，という問題も解決する．もし最初に宇宙がデコボコしていて非一様なものであったとしても，インフレーションによる急膨張によりそのようなデコボコは薄められてしまう．そして巨大で一様な宇宙を作り出したと考えられるのである．

インフレーションは，大きく見ると宇宙を一様にするのだが，細かく見ると量子的な効果によって物質や時空間に多少のゆらぎを作り出す．そのゆらぎの一部は物質密度のゆらぎとなり，のちの宇宙で星や銀河などの天体を作り出すタネになると考えられている．現在の宇宙に見られる密度のゆらぎは，インフレーション理論と矛盾していない．

インフレーションはこのように好ましい理論であるものの，それが実際に起きたのかどうかを直接的に指し示すような事実はまだ見つかっていない．現在見られる密度ゆらぎの性質だけをもってインフレーションの証拠ということはできないが，インフレーションは時空間のゆらぎも作り出すので，これが重力波として現在の宇宙に残っているはずだ．インフレーションによって作られるはずの重力波を原始重力波とよぶ．

インフレーションが作る重力波をとらえられるか

重力波とは，時空間のゆがみが波となって空間を伝わる現象だ．この波はきわめて弱い．インフレーションが作り出す原始重力波による空間のゆがみの割合は 10^{-24} 程度しかない．地球と太陽の距離を測定しても，その長さが水素原子の直径の

膨張エネルギーと重力エネルギーのバランスが少しでも悪ければ，この宇宙はなかったかもしれない．

1000分の1ほどしか変化しないのだ．

アインシュタインは，一般相対性理論を完成させてすぐに，重力波の存在を理論的に導き出した．だがそれはあまりに弱い波であったため，それから100年近く誰も直接観測できた人がいなかった．

だが，2015年に米国のLIGO実験チームが史上初めて重力波の直接観測に成功した．そこでとらえられた重力波は，遠方宇宙で2つのブラックホールが合体するときに放出された重力波である．それほどの激しい天体現象であっても，地球上で検出するのは至難の技であったのだ．

インフレーションが作るであろう原始重力波による空間のゆ

がみの割合は，それよりさらに3桁ほど小さい．まだ，原始重力波を直接的に測定した人は誰もいない．だが，重力波の観測が可能になったのはつい最近のことであり，いずれもっと感度の高い観測が行われるのは時間の問題であろう．

また，もし原始重力波があれば，宇宙年齢が約37万年ごろに放射された光，宇宙マイクロ波背景放射にもその兆候が見えるはずだ．いわゆる光の偏光パターンにおけるBモードという量に，原始重力波の存在が刻み込まれるためである．

そのためには，宇宙マイクロ波背景放射の偏光に対する精密な観測が必要だ．現在，原始重力波を宇宙マイクロ波背景放射の中に見出すべく，世界中で活発に実験が行われている．

いつの日か原始重力波が観測されて，それがインフレーション理論に合致する性質を持っていれば，宇宙の密度パラメータに対する微調整問題が解決したといえるだろう．だが，インフレーション理論自体に微調整問題が含まれていることも指摘されているので，ことはそれほど単純ではないかもしれない．

インフレーション理論は未だ確固とした理論ではない．どうしてインフレーションが起きてそれが突然終了したのかについて，いろいろなメカニズムが考えられている．理論的には百家争鳴といった状態だ．もしインフレーション理論が観測的に確かめられれば，そうした問題にも解決の糸口が見つかり，どのような形であれ私たちの宇宙の理解は大きく進むであろう．

※1　厳密にいえば光や軽いニュートリノは物質ではなく放射と呼ばれることもあるが，ここではまとめて通常物質の中に含めておく．

Chapter 12

宇宙定数：Λ

ダークエネルギーの候補としての宇宙定数

前章で宇宙にはダークマターという正体不明の物質が満ちあふれているという話をした．だが，宇宙に満ちあふれている未知の成分は，ダークマターだけではない．さらなる未知のエネルギー成分があるのだ．それはダークエネルギーとよばれ，宇宙の中にあるエネルギー量としては，ダークマターよりも多い．名前が似ているので混同しやすいが，ダークマターとダークエネルギーは別物である．

ダークエネルギーというのは，まったくの未知のエネルギーである．名前が付いているからといってその正体がわかっているわけではない．未知のものに名前を付けただけなのだから．医者が病名を知っているからといって，必ずしもその病気の正体がわかっているわけではない，というのと同じことだ．そのダークエネルギーとして標準的に想定されているのが，ここで取り上げる宇宙定数である．

ダークエネルギーは宇宙空間に均一に広がったエネルギーであり，宇宙全体のエネルギーのうち7割近くを占めている．つまり，私たちの宇宙を支配しているといっても過言ではない．理論的にその正体を明らかにすることは，現代物理学の大きな課題ともなっている．宇宙定数はダークエネルギーの有力候補であるが，そうだとしても理論的な観点から見てその絶対値があまりにも小さい．その値にはとてつもない微調整が働いているとしか思えないのである．宇宙定数がダークエネルギーだとしても，依然としてその起源は謎に包まれている．

ダークエネルギーはダークマターより多く存在し，
宇宙を支配する存在と言っても過言ではない．

現在の宇宙は加速的に膨張している

ダークマターは銀河や銀河団に付随していることがわかっている．だが，ダークエネルギーは時間的にも空間的にもほとんど一定である．天体がある場所にもない場所にも，宇宙全体に均一に広がっている．

この均一で一定のエネルギーは，時間的にも空間的にも変化しているという証拠はない．どうしてそのようなエネルギーがあることがわかるのかといえば，こうしたエネルギーが宇宙の膨張をどんどん速くする性質を持っているためだ．つまり，宇宙膨張の速さが加速しているのである．

1980年代ごろから宇宙の膨張が加速しているのではないかという間接的な観測結果は得られていたが，実際にそれが直接的に示されたのは1998年ごろだ．現在では，1998年

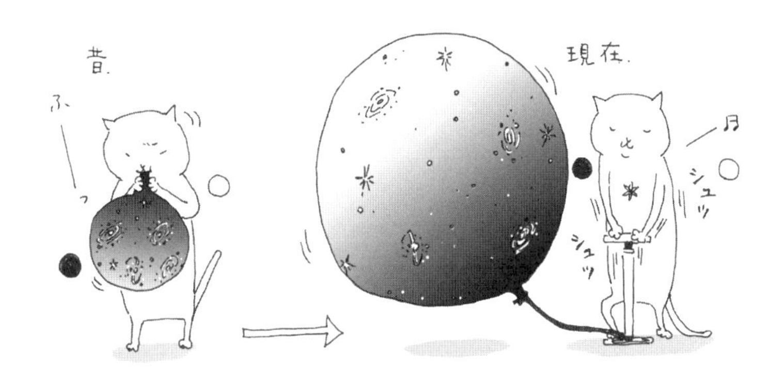

現在の宇宙は加速的に膨張している.

に宇宙の加速膨張が突然見つかったかのように語られることがあるが，実際にはそれ以前にも間接的な証拠がいくつか見つかっていた．筆者を含む日本の研究グループでも，1990年代前半には宇宙が加速膨張する方が，銀河分布などに基づいた観測データとの整合性がよいことを見出していた．宇宙の加速膨張は突如として見つかったわけではないのである．

アインシュタインが導入した宇宙項

宇宙定数は，アインシュタインが一般相対性理論を最初に宇宙に応用したときに導入された．もともと，アインシュタインは宇宙を加速膨張させようとして宇宙定数を導入したわけではなかった．むしろ，膨張も収縮もしない静的な宇宙を想定していたのだ．

だが，アインシュタインが最初に提案した時空を司る方程式をそのまま宇宙に当てはめても，そういう静的な宇宙を説明できない．そこで彼は，そのアインシュタイン方程式に一つの項を付け加えたのである．これが宇宙項とよばれるものだ．宇宙定数とは宇宙項にかかっている係数のことである．宇宙定数は通常 Λ（ラムダ）という記号で表される．

宇宙定数が正の値を持つと，宇宙空間を膨張させる力として働く．これに対して，物質は宇宙空間を収縮させる力として働く．アインシュタインは，最初に考えた宇宙モデルにおいて，この2つの力をぴったり釣り合わせて，宇宙が静的な状態に保たれるようにしたのだ．

だが，現実の宇宙はアインシュタインが最初に考えたものとは異なり，静的なものではなかった．ルメートルやハッブルが発見したように，宇宙は膨張していることがわかったからだ．このため，アインシュタインは宇宙項を捨ててしまった．

だが，宇宙項がアインシュタイン方程式に含まれていても

なんの矛盾もない．だからこそ，アインシュタインはこの項を矛盾なく自分の方程式に導入できたのだ．宇宙項がないということは，宇宙定数が何らかの理由でゼロになっていることを意味する．

理論的に可能な項が実際にはないというからには，何かそこに理由があるべきだと考えられる．膨張宇宙を発見したルメートルは，アインシュタインが宇宙項を捨て去ったあとも，それを保持すべきだとして，アインシュタインに再考を促したという．

宇宙定数は不自然に小さい

正の宇宙定数は宇宙空間を膨張させる力として働く，とのべた．したがって，正の宇宙定数があれば，最初にのべた宇宙膨張の加速を説明することができるのだ．観測から見積もられた宇宙定数の値は

$$\Lambda = 1.109 \times 10^{-52}\ \mathrm{m}^{-2}$$

である[※1]．この値は時間的にも空間的にも変化しない本当の定数だ．

宇宙定数は，空間に均一に広がった一定のエネルギーであるとみなすことが可能である．このエネルギーは物質のエネルギーと違い，宇宙空間が膨張しても薄まることがない．上にあげた宇宙定数の値に対応するエネルギー密度は$c^4\Lambda/8\pi G$に対応し，1立方メートルあたり 5.34×10^{-11} ジュールとい

う小さな値になる．

宇宙定数がなぜこれほど小さな値を持っているのかは謎だ．それは，現代物理学の中でもとびきりの謎といってよい．こんな小さな値がどこから出てくるのか，最先端の物理学理論をもってしても，皆目見当もつかないからだ．

宇宙定数のエネルギーは，真空の空間が持っているエネルギーだと解釈できる．現代物理学が宇宙定数の小ささをうまく説明できないのは，真空がそんな小さなエネルギーを持つという理由がどこにもないからだ．

量子的な真空エネルギーは大き過ぎる

たとえば，素朴に考えると量子的な効果によって真空にはエネルギーが充満しているはずだと考えられる．量子論の不確定性原理によって，真空のエネルギーを完全にゼロにすることができないからである．だが，量子的な真空エネルギーを単純に見積もってみると，実際の宇宙定数の値よりも123桁も大きな値になってしまう．これではまったく説明になっていない．

もしこの大きな量子真空のエネルギーが実際にあるとしたら，宇宙は誕生してすぐに急速な膨張をしてしまうだろう．前章で紹介したインフレーションが永遠に続くことになる．そのような宇宙には生命は生まれない．

そこで，量子的な真空のエネルギーがあったとしても，それはなんらかの理由により打ち消し合っていると考えられる．だが，もしそのような打ち消し合いが働いているのなら，完全に打ち消し合ってゼロになるのが自然だ．

打ち消し合いがわずかに不完全で，観測されているような

宇宙定数の値には想像を絶する微調整が働いている.

宇宙定数の値を残すというのは，きわめて不自然だ．たとえるなら，123桁もの巨大な数が2つあって，それらを引き算したら1が残るというようなものだ．不自然な微調整なしに，どうしてそのようなことが可能なのか．

想像を絶する微調整

このように，宇宙定数の値には想像を絶する微調整が働いている．この微調整問題は，宇宙定数問題とよばれている．宇宙定数問題は，これまでにのべてきたほかの物理定数に対する微調整問題をはるかに凌駕する，とても深刻なものだ．密度パラメータに対する微調整問題には，インフレーション理論という解決策があったが，宇宙定数問題については説得力のある物理的な解決策がない．

ほかの微調整問題と同様に，宇宙定数が観測されているよりも大き過ぎたり小さ過ぎたりすると，宇宙に生命は誕生しない[※2]．正の宇宙定数が大き過ぎると，宇宙の膨張が速くなり過ぎる．すると，星や銀河などの天体ができる前に物質が宇宙空間に薄く広がり過ぎてしまうだろう．そのような世界には惑星や太陽はなく，生命が生きられる余地はない．

逆に，宇宙定数が負の値を持っている場合はどうだろうか．負の宇宙定数は，正の宇宙定数とは逆に，宇宙を収縮させようとする力になる．負の宇宙定数があると，宇宙は必ず膨張から収縮に転じて最後には潰れてしまう．宇宙定数が負の方向へある程度大きければ，宇宙の寿命は短くなり，天体ができる時間はなく生命が進化する時間もない．

宇宙定数の絶対値が現実より何倍も大きければ，宇宙に生命の生きられる環境が作り出されることはなかっただろう.このような狭い範囲に宇宙定数の値があり，しかもゼロでもないというのは，きわめて不自然なことだ.

そう考えると，宇宙は人間が生まれるように微調整されているようだ．宇宙定数問題は，チャプター10にのべた，強い人間原理の典型例にもなっている．宇宙定数の値は，人間が宇宙に存在できる非常に小さな範囲の中で選ばれているように見えるからだ.

もし，宇宙定数に対する123桁の微調整問題をマルチバース論によって説明しようとするなら，どんなに少なくとも10^{123}個以上のマルチバースが必要だ．ほかの物理定数に対する微調整問題も同時に解決しようとするなら，その数はさらに大きくなる.

万物の理論の候補ともいわれるストリング理論の研究において，宇宙定数問題にも触発されてマルチバースが予想されている．それがどのようなマルチバースであるのか具体的なことはわかっていないが，一説には10^{500}個のマルチバースが存在するかもしれないともいわれている.

これは10^{123}個にくらべれば400桁近くも大きな数である.それが本当であれば，宇宙定数問題を含めた微調整問題を解決するのに充分な数かもしれない．だが，チャプター1でものべたように，微調整問題の解決法にはマルチバース論しかないわけではない．まだ今の私たちにはまったく未知の仕組みがあるのかもしれない.

※1 Planck Collaboration, arXiv:1807.06209 (2018).
※2 S. Weinberg, Phys. Rev. Lett. 59, 2607 (1987) ; H. Martel, P. R. Shapiro and S. Weinberg, Astrophys. J. 492, 29 (1998)

Chapter 13

ダークエネルギー状態方程式パラメータ：w

ダークエネルギーとは

前章は宇宙定数について取り上げた．ダークエネルギーとは，宇宙定数を一般化したものである．宇宙定数は宇宙全体に薄く広がったエネルギーと見なされるのだが，そのエネルギーはあまりにも小さく，私たちが測定などによって直接観察できるようなものではない．宇宙の膨張を詳細に観測することによってのみ，その存在が間接的に示されるのだ．

直接的には見たり触ったりすることのできないエネルギー，という意味で，それはダークエネルギーとよばれている．ダークというのは「暗い」という意味だが，よく見えないということから，「正体がわからないもの」という意味も持っている．

宇宙定数はダークエネルギーの一種だが，ダークエネルギーが宇宙定数でない可能性もある．

ダークエネルギーの必要性は，もっぱら宇宙の加速膨張を説明することにある．宇宙全体に薄く広がったエネルギーがあり，その単位体積あたりのエネルギー量が宇宙が膨張してもあまり変化しないとすると，時空の方程式であるアインシュタイン方程式によって宇宙の膨張は加速することがわかるからだ．実際の宇宙膨張は加速しているので，宇宙空間にほぼ一定のエネルギーがあると考えれば辻褄が合うのだ．

宇宙定数の存在は不自然

もともと宇宙定数はアインシュタインが膨張も収縮もしない宇宙を実現させるために導入したものであった．実際の宇宙が膨張しているとわかると，アインシュタインは宇宙定数を必要のないものとして捨ててしまった．だが，宇宙定数がゼロかそうでないかはその後も取りざたされ，宇宙が加速的に膨張していることがわかると，やはり宇宙定数は必要だということになったのだった．

とはいえ，宇宙定数は理論的に謎だらけだ．宇宙定数は空間に一様に広がったエネルギーとみなすことができるが，そのエネルギーは不自然に小さなものなのだ．そんな不自然な定数を方程式に勝手に付け加えて宇宙の性質を説明したことになるのであろうか．そこにはもっと深い理由があるのではないか．

多くの理論家は，小さな宇宙定数を説明するようなメカニズムがないかどうかをいろいろと探っている．今のところ誰

ダークエネルギーとは「正体のわからないもの」という意味もある.

もが納得するような自然なメカニズムが見つかっているわけではないが，そうした試みを通じて，宇宙定数が本当の定数ではない可能性が指摘されてきた.

物理学における「定数」とは，いつでもどこでも同じ値になるもののことである．アインシュタインがもともと導入した宇宙定数は，まさにそのような定数であって，時間的にも空間的にも変化しない．だが，宇宙定数を導くような未知のメカニズムがあるとすると，必ずしも宇宙定数が文字どおりの定数でなくてもよい．むしろ，そうしたメカニズムがあるときには，多かれ少なかれ時間的あるいは空間的に変化する方がもっともらしいのだ.

とはいえ，あまり急激に変化するようだと，宇宙の加速的な膨張を説明できなくなってしまう．変化するといっても，近似的には定数とみなされるほどその変化は小さいはずだ．もしそのような微妙な変化があるとするならば，精密な宇宙観測によってその変化をとらえられるかもしれない．もし宇宙定数が微妙に変化するとなれば，この宇宙にあるエネルギーの大半を占めるダークエネルギーの正体に大きな制限がつく．

状態方程式パラメータ

ダークエネルギーの状態方程式パラメータwとは，ダークエ

ダークエネルギーは空間が膨張すると体積に比例して増えてしまう．

ネルギーの時間変化を特徴付けるパラメータだ．具体的には，ダークエネルギーの圧力をエネルギー密度で割った値である．通常の気体などでは圧力は必ずプラスになるが，ダークエネルギーにおいては圧力がマイナスになる．

マイナスの圧力というのは想像がつかないかもしれないが，通常の気体と異なり，ダークエネルギーは空間が膨張してもエネルギーが減らない．むしろエネルギーが体積に比例して増えてしまうのだ．通常の気体を膨張させると圧力が外に仕事をしてエネルギーが減るのだが，ダークエネルギーの場合は逆にエネルギーが増えてしまう．このことから，ダークエネルギーはマイナスの圧力を持っているといえるのだ．

ダークエネルギーのエネルギー密度はプラスであるため，マイナスの値をプラスの値で割ればマイナスの値になる．こうしてダークエネルギーの状態方程式パラメータの値はマイナスになるのである．ダークエネルギーが宇宙定数であるとき，その値はちょうどマイナス1になる．だが，一般のダークエネルギーの場合，多かれ少なかれマイナス1からずれるかもしれないのである．

マイナス1からずれているかが重要

状態方程式パラメータが実際にマイナス1からずれているかどうかは，ダークエネルギーが宇宙定数かそうでないかを判定するわかりやすい指標になる．状態方程式パラメータの値を決定するには，宇宙膨張の様子を詳細に調べればよい．状態方程式パラメータの値によって，宇宙の加速膨張のパターンが微妙に異なるからだ．

宇宙膨張の様子を詳細に調べるための方法はいくつかある．明るさがほぼ一定とみなせる遠方超新星の見かけの明るさを使う方法，バリオン音響振動とよばれる宇宙初期の振動現象を使う方法，宇宙における構造形成の速さから見積もる方法など，複数の手法が考案され，実際に状態方程式パラメータの値が観測から見積もられてきた．現在のところ，状態方程式パラメータの見積もりとその誤差として

$$w = -1.01 \pm 0.04$$

という値が得られている[※1]．中心値はマイナス1からずれているが，誤差はそのずれ以上に大きい．したがって，誤差の範囲では状態方程式パラメータはマイナス1からずれていないという結論になる．

だが，これはダークエネルギーが宇宙定数であったということではない．状態方程式パラメータがマイナス1からずれているかどうかは，まだ誤差のために結論が出ていない，というのが現状だ．さらに精度の良い観測を行えば，誤差をさらに小さくすることができるだろう．そのとき，誤差の範囲を超えたずれが見つかれば，ダークエネルギーの正体に対する重要な手がかりとなる．ダークエネルギーの問題は一般的な理論物理学の問題としても深刻なものだと考えられているため，現在でもさらに精度良い状態方程式パラメータの決定を目的とした将来観測計画が推し進められている．

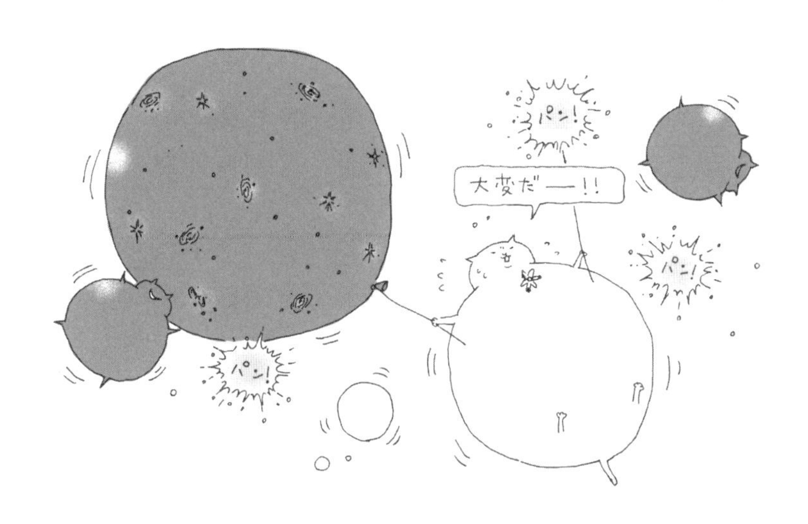

ビックリップが起こるとあらゆるものが膨張してしまう.

もしマイナス1からずれていたら

ダークエネルギーは現在の宇宙におけるエネルギー量全体の70パーセント近くを占めている. 今でこそダークエネルギーの全体量はかなり多いが, 昔の宇宙ではそうでもなかった. 昔の宇宙ほどダークエネルギーの影響は少なくなり, 未来の宇宙ほどその影響が甚大になる. ダークエネルギー以外の物質は宇宙が小さいほど密度が大きくなるが, ダークエネルギーにはそのような性質がないからだ.

したがって, ダークエネルギーの状態方程式パラメータの値がマイナス1からずれていたとしても，過去の宇宙には大きな影響はない．少しぐらいマイナス1からずれていたところで，いまと変わりない宇宙ができたはずだ．

だが，将来の宇宙の姿は，状態方程式パラメータの値によって大きな影響を受ける．とくに状態方程式パラメータの値がマイナス1よりも小さいとき，将来の宇宙にたいへんなことが起きる．それは，宇宙の加速膨張が行き過ぎて，膨張が極限まで速くなってしまい，事実上の無限大になってしまうと予言されるからである．宇宙膨張の速さが無限大になれば，今の宇宙で見た有限の範囲の大きさですら無限大となり，時空間が引き裂かれてしまうと考えられるのだ．将来起こるかもしれないこの破滅的な宇宙の終末のことを「ビッグリップ」(時空の引き裂き）という．

現在の宇宙膨張というのは，私たちの感覚からするととても遅い．遠方にある銀河までの距離が，1億年に1パーセント程度伸びるという程度のとても小さなものなのだ．また，銀河系や太陽系，星や惑星のようなものは重力で強く結びついているために，宇宙膨張の影響を受けない．したがって膨張することはない．私たちの体についても同様で，電磁気力によって強く結びついているために，私たちの体が宇宙膨張で膨張することはない．

だが，そういうことも宇宙膨張の効果がほかの力にくらべて小さいためであり，宇宙膨張が極限まで速くなると，ほかの力を凌駕するようになる．もしビッグリップが起きると，現在とは異なり，あらゆるものが膨張するようになるのだ．ビッグリップの直前には星や惑星も膨張を始め，私たちの体を含むあらゆるものが宇宙膨張に抗えなくなる．こうして宇宙にあるすべてのものが引き裂かれ，そして世界が終わるのだ．

ビッグリップが起きるとしたらいつのことになるのだろうか．もちろん，今日明日ということはないので安心してほしい．その見積もりは状態方程式パラメータがどれくらいマイナス1より小さいかによる．上にのべたような観測の結果によると，少なくとも1400億年以上は先であろうと推測されている．それよりは太陽が燃え尽きる方がずっと早い．また，状態方程式パラメータの値がマイナス1かそれより大きければビッグリップは起こらず，宇宙は永遠に存在し得る．

私たちには見届けられないが，宇宙の究極の運命はどうなるのだろうか．その結末を知っておきたいところだ．それを知るためには，ダークエネルギーの状態方程式パラメータの値が実際のところマイナス1なのかそうでないのかをはっきりさせることが必要なのだ．

※1　S. Alam et al., Mon. Not. Roy. Astron. Soc. 470, 2617 (2017).

Chapter 14

宇宙の曲率：K

宇宙はどういう形をしている?

宇宙はどういう形をしているのだろう. 丸? それとも四角? 誰でもそんなことを一度は考えたことがあるのではないだろうか. しかし, その答えとしてどんな可能性があるのかを想像することからしてむずかしいかもしれない. 丸いとか四角いとかいう答えだとしても, それで納得できるだろうか. それに, そんな具体的な形を思い浮かべた途端, その外側も宇宙なのではないかという疑問がすぐに湧いてきてしまう. 宇宙の形といっても, 何をもって宇宙の形というべきなのかもよくわからない.

たとえば, 日本の形といわれれば誰でも思い浮かべる形がある. 日本は海に囲まれているので, 海岸線に囲まれた形を思い描ける. だが, 海の水を取り去ってしまえば, 私たちが思い浮かべる日本の形は見えなくなってしまう. 海岸線とい

う明確な境界がなくなってしまうからだ．事実，海岸線に囲まれた形は日本の形ではない．ある程度沖合に出てもそこは日本の領海なのだから．

海岸線を考えないとすれば，日本の形というものはなくなってしまう．領海や排他的経済水域の形を思い浮かべることはできるが，そうしたものは人間が勝手に引いた線に過ぎない．そもそも日本というもの自体，人間が勝手に決めた地球上の範囲に過ぎないのだ．

宇宙の場合も，宇宙とそうでない場所を隔てる海岸線のような境界があるわけではない．宇宙の形を思い浮かべようとするのは，海がない場合の日本の形を思い浮かべようとするのと似ている．どこまでも宇宙空間がつながっていれば，境界のようなものの形を思い浮かべることはできない．

海がない場合にはどこにいても陸地が地球上すべてにつながっているので，このとき陸地の形といえば，上下の高低差をイメージすることもできるだろう．また，地球の表面はどこまでもまっすぐ続いているわけではなく，地球全体としては有限に閉じた球面だ．つまり，地球の形というのは球形だといえる．

明確な境界のない宇宙の場合も，これと同じようなものだ．宇宙空間というのは真っ平らなものではない．一般相対性理論によると，時空間は物質によって曲げられるのであった．地表面に高低差があってデコボコしているのと同じように，宇宙も場所によって空間の曲がり方にムラがあり，細かく見るとデコボコした形をしているのだ．

地球の場合，地表面の高低差は地球の大きさにくらべると

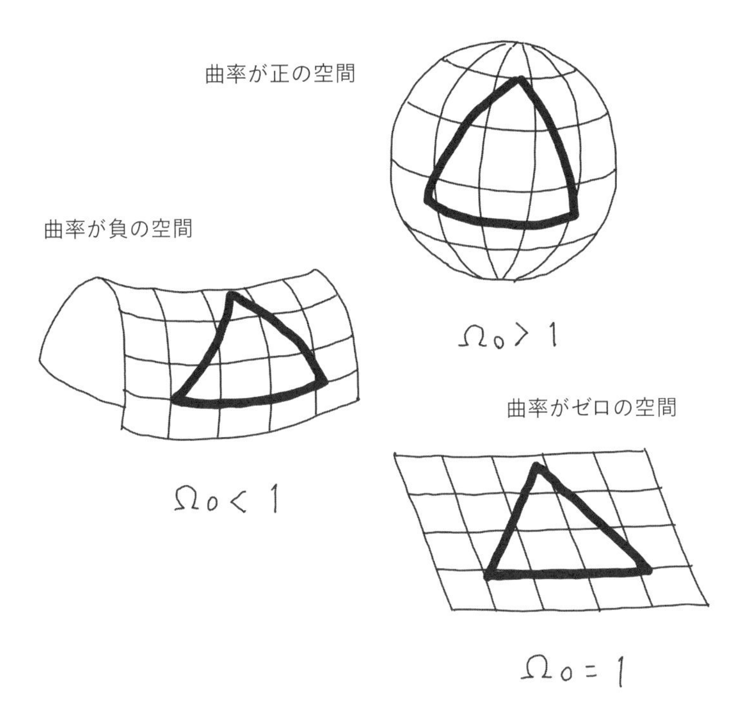

微々たるものだ．地球上で一番高い地点はエベレスト山頂で標高8800mあまり，地球上で一番低い地点はマリアナ海溝にあるチャレンジャー海淵で海面下10900mあまりだが，その高低差はせいぜい20kmに満たない．これに対して地球の直径は1万3000kmほどもある．したがって，細かいデコボコはあるものの，それを無視すれば地球は滑らかな球形だと思って差し支えない．

宇宙の場合も事情は同じである．場所によって空間の曲がり方に細かいデコボコはあるものの，それを無視すれば宇宙は滑らかな形をしている．こうして大きく見た宇宙は，地球のように丸く曲がって閉じた有限の形をしているのかもしれないし，あるいはほとんど真っ平らで無限に広がっているのかもしれない．また第3の可能性として，球面とは違う形に曲がって無限に広がっているかもしれない．

宇宙空間は3次元なので，それが曲がっているというのはイメージがしにくい．そこで，3次元空間からできるだけまっすぐになるように2次元空間を切り出してみよう．元々の3次元空間が曲がっていると，できるだけまっすぐに切り出してきたとしても，その2次元空間も曲がっている．その2次元空間の曲がり方を図示すると，前ページの図のような3種類の形に表すことができる．

宇宙の曲率とは

第1の形は球面のようになっている．この中のある点を中

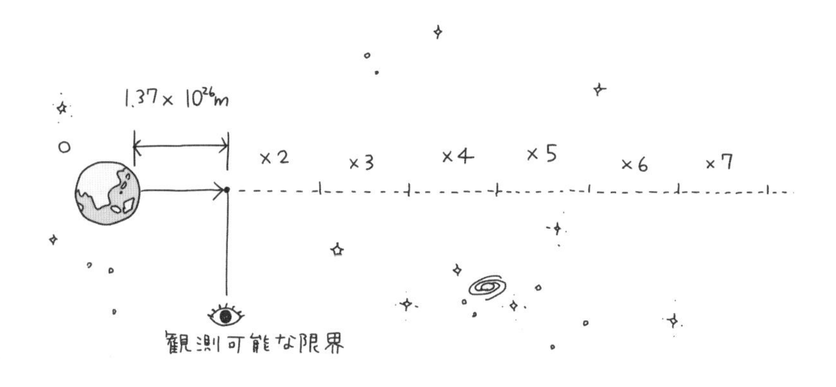

心にして半径1の円を描くと，その円周は 2π に満たなくなる．このような曲がり方をしている空間を，曲率が正の空間，という．

第2の形は空間の曲がり方が球面とは逆だ．ある点を中心にして半径1の円を描くと，その円周は 2π を上回る．このような曲がり方をしている空間を，曲率が負の空間，という．

第3の形は完全な平面だ．ある点を中心にして半径1の円を描けば，円周がちょうど 2π となる．このように平坦な空間を，曲率がゼロの空間，という．

宇宙が一様で等方だという宇宙原理を満たす3次元空間は，以上にのべた3種類の曲がり方に分類できる．こうして，宇宙の形は曲率の値で分類できるのだ．曲率の値には正，負，ゼロの3種類があり，ゼロでない場合にはその絶対値が大きいほど強く曲がっている．

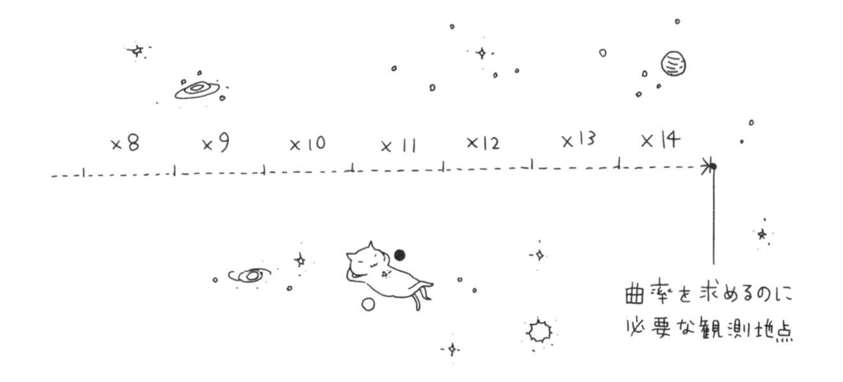

現実の宇宙における曲率 K は，観測により測定されている．その値は誤差を含めると

$$K = (-0.4 \pm 1.0) \times 10^{-55}\ \mathrm{m}^{-2}$$

となる[※1]．これは誤差の範囲内でゼロを含む．つまり，観測可能な宇宙の範囲で曲率が見つからなかったのである．

曲率 K の絶対値の平方根の逆数，つまり式で表すと $R = |K|^{-1/2}$ は，空間の曲がりに接するように描いた円の半径を表している．これを曲率半径とよぶ．だいたい曲率半径程度の尺度で曲がっていると考えておけばよい．上で与えられる曲率の値を曲率半径で表せば，$\mathrm{R} \geq 2 \times 10^{27}\mathrm{m}$ となる．

観測可能な宇宙の半径の目安は $c/H_0 = 1.37 \times 10^{26}\ \mathrm{m}$ である．曲率半径はその少なくとも14倍以上ある．つまり，観測可能な宇宙の範囲を見たところで，宇宙空間はほとんど曲がっておらず，その全体的な曲率は検出されなかったのである．

宇宙の曲率が大き過ぎないことは幸いである

宇宙の曲率は，宇宙の中に存在する物質やエネルギーの量と関係している．一般相対性理論のアインシュタイン方程式によると，$K = \Lambda/3 + H_0{}^2(\Omega_0 - 1)/c^2$ という関係がある．右辺に現れる量はすべてこれまでのチャプターで説明してきた定数やパラメータで，c は真空の光速度，H_0 はハッブル定数，Ω_0 は密度パラメータ，Λ は宇宙定数である．

宇宙が球体だとすると，光は宇宙を一周以上でき，
過去の地球が見られるかもしれないという．

つまり，宇宙の曲率は物質の量や宇宙定数，膨張率によって決まる．曲率の値がゼロかそれにきわめて近いということは，これらの量の間に微調整が働いていることを意味する．これも神様がちょうどよい値に精度よくダイアルを合わせたのだろうか？

だが，この微調整問題はインフレーション理論によって解決できることが知られているのだ．宇宙がインフレーションを経験すると，小さな空間範囲が大きく引き伸ばされる．インフレーションの起きる前に空間がボコボコと曲がっていて，曲率がある程度大きかったとしても，その大きかった曲率は急膨張によって小さくなってしまうのである．

このことは，チャプター11でのべたインフレーション理論が宇宙初期の密度パラメータの値を1に近付ける性質を持っているということと無関係ではない．なぜなら，宇宙初期には物質密度の寄与に対する宇宙定数の寄与が無視でき，曲率の値が $\Omega-1$ に比例する※2．このため，Ω が1に近付けば K は0に近付くからだ．

もし宇宙の曲率がゼロに近く，正に大き過ぎたり負に小さ過ぎたりしないことは，私たちにとって幸いである．なぜなら，そうであれば少なくとも観測可能な範囲にわたって光がまっすぐ進むことができ，私たちは遠くまで見通すことができるからだ．

もし曲率が正で大き過ぎると，宇宙は小さく丸まっていることになり，充分に広大な宇宙にならないだろう．また，曲率が正の空間では遠くの物体が拡大されて見える．曲率がゼロの空間では，自分の周りに半径が一定の球を考えると，半径の3乗に比例して体積が増えるが，曲率が正の空間では半径の3乗よりも体積の増え方が小さくなる．このため，天体の数が遠方ほど少なくなっているように見えるだろう．

また，曲率が充分に大きければ，光が有限に閉じた宇宙を一回り以上できることになる．充分に性能の高い望遠鏡で遠くを見ると，光が宇宙を一周してやってきた昔の地球の姿を見ることができることだろう．まるで自分の過去をのぞけるタイムマシンのようでおもしろいだろう．だが，残念ながら実際の宇宙の曲率は充分にゼロに近いため，そのようなことはない．

逆に，もし曲率が負で小さ過ぎると，遠くの物体は小さく縮小されて見える．曲率が負の空間では半径の3乗よりも体積の増え方が大きくなる．このため，天体の数が遠方ほど増えていくように見えるだろう．

物質密度が小さければ曲率は小さくなるが，物質密度をゼロより小さくすることはできない．その限界を超えて宇宙の曲率をさらに極端に負にしようと思えば，宇宙定数を負の値にする必要がある．負の宇宙定数は宇宙を収縮させようとする．この場合，宇宙はいずれ膨張から収縮に転じてつぶれてしまう．つまり，曲率が極端に負の値を持つ宇宙はすぐにつぶれてしまうので，生命が生まれて進化する時間がないだろう．曲率の絶対値が充分小さな宇宙に生まれてよかった．

※1　Planck Collaboration, arXiv:1807.06209

※2 具体的には $K=a^2H^2(\Omega-1)/c^2$ の関係にある．ここで H,Ω はそれぞれ時間依存するハッブル定数と密度パラメータである．また，a はスケール因子と呼ばれる値で c/aH が任意時刻における観測可能な宇宙の半径の目安となる．

Chapter | 15 |

宇宙の「バリオン」光子比：η

バリオンとは何か

私たちがふだん眺めている世界はほぼバリオンでできている．そんな世界の本質ともいえるバリオンだが，あまり聞き慣れない言葉かもしれない．バイオリンやバリトンという言葉なら聞いたことがあるだろうが，そうではなくてバリオンである．

私たちの知っている世界は物質でできている．そして，物質というのは原子から成り立っている．原子をさらに分解すると，プラスの電荷を持つ原子核とマイナスの電荷を持つ電子から成り立っている．電子というのはそれ以上分解できない素粒子の一種だ．だが，原子核はさらに分解でき，陽子と中性子から成り立っている．つまり，私たちに馴染み深い世界のほぼすべては，電子と陽子と中性子という3種類の粒子，そしてその間に働く力によって説明できてしまうのだ．

これは凄まじいことである．この麗しき変化に富んだ複雑でややこしい世界が，煎じ詰めればたった3種類の粒子が集まったものだというのだから．この世界が多様な性質に満ちているのは，そうした粒子の数が膨大だからである．一つ一つは単純でも，膨大な数が集まると，そこには莫大なパターンが生まれて複雑な世界を作り出す．それがこの世界の成り立ちなのだ．

電子や陽子の間には電気力や磁気力が働く．電気の力と磁気の力は表裏一体であり，両者をまとめて電磁気力とよぶ．現代物理学では，力を伝える役割を果たすのも素粒子だと考えられていて，電磁気力を伝えているのは光子という素粒子だとみなされる．力と素粒子というまったく別の概念のように見えるものが一緒になってしまうのは，現代物理学の基礎をなす量子論の特徴だ．量子論では粒子と波の区別も曖昧になる．私たちの目に見える光は波だと習ったかもしれないが，その同じ光は光子の集まりとみなすこともできるのだ．一見矛盾しているように感じるかもしれないが，光は波のように振舞ったり，粒子のように振舞ったり，という2面性を併せ持ったアンビバレントな存在なのである．このような2面性はあらゆる素粒子に共通した性質だ．

さて，このうち陽子や中性子が「バリオン」とよばれる粒子の仲間だ．バリオンは日本語で「重粒子」と訳される．陽子や中性子の重さは電子の1800倍ほどもあることがその名前の由来である．原子の重さのほとんどは陽子や中性子によって担われている．私たちの体重を決めているのも，体に含まれているバリオンの数なのである．

バリオンの数から反バリオンの数を引いたものは変化しない

バリオンの数というのは通常は変化しない．陽子や中性子が消えてそれ以外の粒子，つまり電子や光子などになったり，逆に電子や光子から陽子や中性子が作られることはない．したがって，かなり初期の宇宙からバリオンの数は変化していない．

一方，電子やバリオンのような粒子に対して，それらと質量がまったく同じだが電荷が逆転した「反粒子」とよばれる粒子が別に存在する．電子の反粒子は反電子とよばれ，陽子や中性子の反粒子は反陽子や反中性子とよばれる．反電子の

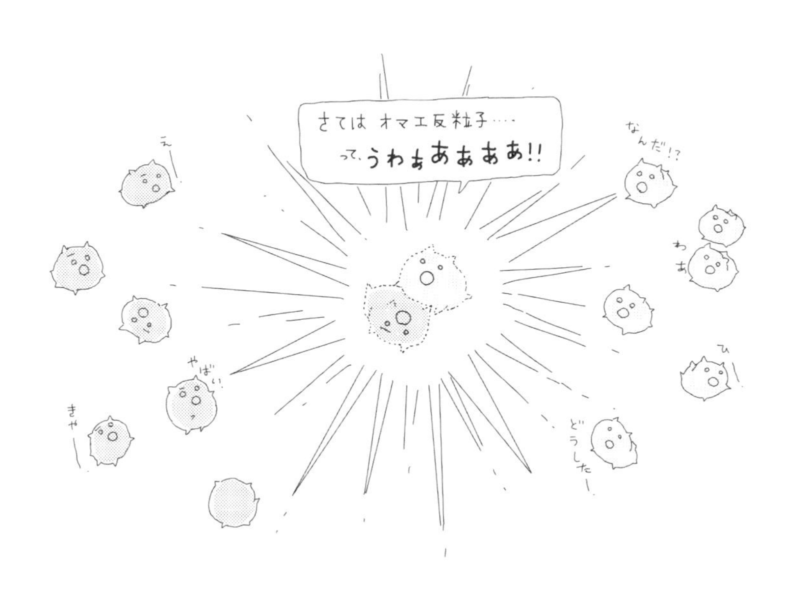

電荷は電子の逆でプラス1，反陽子の電荷は陽子の逆でマイナス1となる．中性子の場合は電荷がゼロなので反中性子の電荷もゼロだが，それでも，もとの中性子とは異なる粒子だ．

だが，こうした反粒子は私たちが通常眺められる物質の中には含まれていない．宇宙から降ってくる粒子が大気と反応して一時的に反粒子ができることはあるが，そうしたものはすぐに消えてしまう．なぜなら，粒子と反粒子が出会うと，それらはお互いに打ち消しあって消滅し，光になってしまうからだ．これを粒子と反粒子の「対消滅」という．先にバリオンの数は変化しないといったが，正確にいうとバリオンの数からその反粒子の数を引いた数が変化しない，ということなのだ．つまり，反粒子1個の数はマイナス1個と数えるのである．こうした数え方をすれば，対消滅によってもバリオンの総数は変化しない．この意味でのバリオンの総数は，宇宙が始まった直後から不変なのである．

そうすると，この宇宙のバリオンの総数というのはどのようにして決まったのだろうか．実はこれは宇宙論における長年の問題であり，いろいろと説は唱えられているものの，いまだに決定的な結論が出ていない．すなわち，私たち自身やこの世界を作り出しているバリオンの起源は謎に包まれているのである．

現在でこそ，私たちの世界にはほとんど反粒子が見当たらないが，宇宙の初期では粒子と反粒子ができたり消えたりを繰り返していたので，反粒子が宇宙のいたるところにあった．しかも，バリオンや反バリオンのそれぞれの数は現在よりもはるかに多かった．だが，バリオンの数から反バリオンの数を引いたものは不変なので，宇宙初期の時点でバリオンの数の方が反バリオンの数よりもわずかに多かったことになる．

バリオン・光子比はバリオン非対称性を表す

どれくらいの比率で多かったのかを表すのが，ここで紹介するバリオン・光子比とよばれるパラメータだ．その値は観測的に

$$\eta = 6.13019 \times 10^{-10}$$

と求められている[※1]．このパラメータは，現在の宇宙におけるバリオンの総数を光子の総数で割った値を表している．なぜ，それが宇宙初期のバリオンと反バリオンの数の違いを表しているかといえば，以下の理由による．

温度がきわめて高かった初期宇宙の段階では，光子の数とバリオンの数，そして反バリオンの数がほぼ同じくらいあった．だが，宇宙の温度が冷えてくるにつれ，反バリオンはほぼすべてバリオンと対消滅して消え去り，もともと数の上で超過していたバリオンだけが生き残ったのである．一方で，光子には反粒子がないので，光子が対消滅して消え去ることはない．宇宙に存在する光子の数は不変ではないが，宇宙の歴史の中でその数が大きく変化することはない．したがって，現在の宇宙に存在する光子の数は，だいたい宇宙の初期に存在したバリオンや反バリオンの数と大きく異なることはない．このため，現在の宇宙で求められたバリオンと光子の数の比

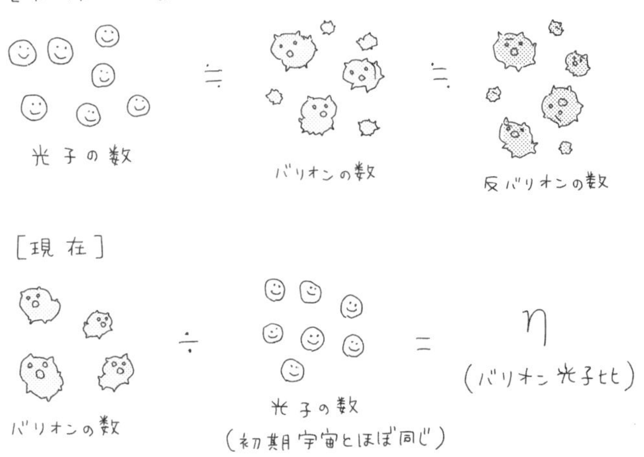

は，宇宙初期におけるバリオンが反バリオンよりもどれくらいの割合だけ超過していたかを表す比の目安を与えるのだ．こうして，宇宙初期でバリオンの数が反バリオンの数よりも，ほぼ 10^{-9} 程度の割合だけ多かった，という結論が導き出されるのである．

バリオン非対称性の謎

もともと粒子と反粒子は電荷が逆転している以外は瓜二つの性質を持っている．宇宙が始まった直後にどちらかが少しだけ多く作られたということは，その性質にわずかな違いが必要だと考えられる．もし粒子と反粒子の性質が完全に対称的になっているならば，どちらも完全に同数だけ作られたは

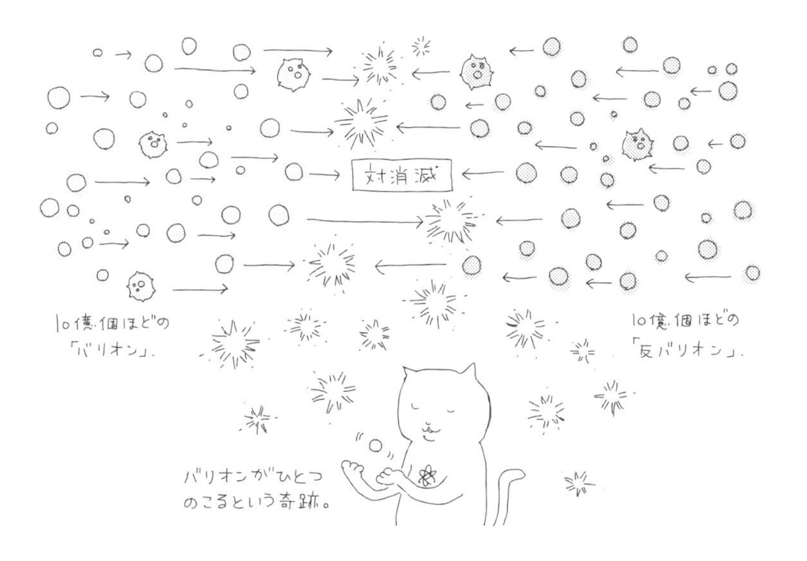

ずだからである．

実は，粒子と反粒子の性質は完全に対称的ではないことが知られている．素粒子の性質は標準理論というもので説明でき，その理論によると粒子と反粒子の感じる力の間にはわずかな非対称性がある．すると，粒子と反粒子の数が完全に同数でなかったことも説明できそうな気がする．だが，定量的によく調べてみると，素粒子の標準理論の枠内では観測されているようなバリオン・光子比を作り出すことができないのである．

したがって，この宇宙におけるバリオンの起源は謎のままなのだ．素粒子の標準理論の枠内で説明できなければ，標準理論を超える理論で説明するしかない．というのは，現在の標準理論は素粒子のエネルギーがあまり大き過ぎないところで正しいと認められているものの，もっと大きなエネルギーでは別の理論が必要だと考える理由がいくつもあるからである．

実際，そのような理論の候補はいくつも考えられている．標準理論を超える理論でバリオンを作り出すことは可能なのだ．しかし，そのような理論候補には実験的根拠がなく，その中に自然界を正しく表している理論があるのかどうかは不明である．だからやはりバリオンの起源は謎のままなのである．

もしバリオン・光子比が現実と異なっていたら

バリオンと反バリオンの非対称性はバリオン・光子比と同じ程度で，10^{-9}のレベルだと説明した．これは，10億個ほどのバリオンと反バリオンがあったときに，1個だけバリオンが多い，というような微妙なずれである．どうしてこのような微妙なずれが生じたのか．素朴に考えれば，こんな小さな値を出してくるよりも，完全にゼロか，あるいは1ぐらいの大きさの数になるのが自然に思える．だが，もしバリオン・光子比が現実より1〜2桁ほど異なれば，宇宙におけるバリオンの量を大きく変化させてしまい，今とはまったく異なる宇宙になってしまうだろう[※2]．

もし，バリオン・光子比が現実よりも2桁ほど小さければ，宇宙に存在するバリオンの量が少なくなり過ぎ，星を作ることができなくなるだろう．なぜなら，星は銀河の中でバリオンが星のサイズに集まってできる．バリオン量が少な過ぎれば，バリオンが充分に集まることができなくなる．つまりは人間に必要な太陽などの星ができなくなってしまう．

逆にバリオン・光子比が大き過ぎても都合が悪い．それが現実より1桁ほど大きければ，宇宙には銀河などの構造すらできなくなってしまうだろう．なぜなら，銀河は物質が集まってできるのだが，宇宙の年齢がまだ37万年だったころに，集まろうとするバリオンを光が引きずって広げてしまい，のちに銀河になるはずの物質を集まりにくくしてしまうからである．この効果はバリオンの量が多ければ多いほど大きい．バリオン量が多過ぎると，現在のような銀河はできなかったと考えられる．銀河がなければ星もなく，やはり人間が誕生することはなかっただろう．

バリオン・光子比は，9桁の精度で現在の値に微調整され，人間の存在を許すような宇宙を作り出しているのだ．

※1 Planck Collaboration, arXiv:1807.06209
※2 Tegmark, Aguirre, Rees and Wilczek, Phys. Rev. D73: 023505 (2006)

Chapter | 16 |

初期ゆらぎの大きさ：A_s

宇宙の構造はどうしてできたのか

宇宙は複雑だ．私たちの住んでいる世界では，毎日いろいろなことが起きている．そこには秩序立って起きているように見える出来事もあれば，まったく偶然に起きているように見える出来事もある．世界の振る舞いが予測できたらとても便利だろうが，事実上予測不可能なことはとても多い．とはいえ，完全に予測できるような単純な世界ではおもしろみもないだろう．そんな世界では私たちのように知性を持った生命が進化するとも思えない．世界の適度な複雑さは，私たちが生きていくうえで必要なことなのだ．

私たちが生きている社会は複雑だが，宇宙の複雑さはそれとはくらべ物にならない．というのも，人間社会も宇宙の一部なのだから，宇宙がそれよりも単純であることはあり得ない．私たちは地球上で起きていることが世界のすべてのように思いがちだが，それは単に見えていないだけである．宇宙では地球上で起こらないような極端な状況も起こるため，その複雑さたるや想像を絶するものがある．

そんな複雑な宇宙はどのようにしてできてきたのだろうか．宇宙が複雑だといっても，それは現在の宇宙のことだ．それに反して，星が生まれるよりもずっと昔の宇宙，ビッグバン直後の宇宙にはそのような複雑性はなく，かなり単純なものだった．そこでは水素とヘリウムとダークマターが主成分であり，それらの物質はとくに目立った構造を作ることもなく，宇宙全体に一様に広がっていただけなのだ．

つまり，宇宙は単純から複雑へと進化してきたのだ．もし宇宙が単純なままだったら，ひどくつまらない宇宙になる．もちろん生命が誕生することもない．もし最初の宇宙に何の構造もなく，完全に均一な状態であったなら，その後の宇宙も均一なままであっただろう．星もなく，原子やダークマターが宇宙空間に薄く広がっているだけの宇宙になるだろう．多様な元素も作られない．とても味気ない宇宙だ．

現在の宇宙に構造を作り出すには，最初の宇宙にもわずかな非均一性が必要だ．すなわち，物質の密度が空間的にゆらいでいるとよい．このように初期にあったはずの空間的な密度ゆらぎのことを，宇宙の「初期ゆらぎ」という．密度ゆらぎの大きさは時間とともに増大する性質がある．最初の密度ゆ

物質が集まったところでは，星や惑星，銀河ができ，銀河団ができる．

らぎは小さくても，時間の経過とともに，大きな密度ゆらぎに成長するのだ．これは重力の作用による．重力は物質を引き合うので，周りにくらべて少しでも物質が多い場所があると，そこには周りから物質が集まってくる．逆に，周りにくらべて少しでも物質の少ない場所があると，そこからは物質が周りへ引き寄せられていく．

こうして，物質が多いところではますます物質が多くなり，少ないところではますます少なくなって，密度ゆらぎは時間とともに大きくなっていくのだ．物質が集まったところでは星や惑星などができ，銀河ができ，銀河団ができる．さらに銀河団よりもさらに大きな超銀河団という構造などもできていく．

初期ゆらぎの大きさ

初期の宇宙にどれくらいのゆらぎがあったのかは，現在の宇宙の構造に大きな影響をおよぼす．最初にできたゆらぎの大きさを特徴付けるには，重力の強さが空間的にどうゆらいでいるか，ということが指標となる．物質が集まるのは，重力の作用によるからだ．

一般相対性理論によれば，重力は空間のゆがみから生じる．空間がゆがんでいるということは，空間の曲率にゆらぎがあるということだ．そこで重力の強さのゆらぎに比例する量として曲率ゆらぎという量がよく考えられる．曲率ゆらぎとは，時空間のゆがみが空間的にどのように変化しているかを表す量である．

宇宙初期にあった曲率ゆらぎの大きさを表すのがA_Sというパラメータだ．その最新の観測値として，

$$A_S = 2.11 \times 10^{-9}$$

が得られている[※1]．正確にいえば，このパラメータは重力のゆらぎの5/3倍を2乗した値に対応するので，重力の初期ゆらぎの値は$(3/5)\sqrt{A_S} = 2.8 \times 10^{-5}$に対応する．

すなわち，宇宙初期には重力が0.003％ほどしかゆらいでいなかったのだ．このゆらぎの大きさはきわめて小さい．たとえるなら，深さ1kmの海の上に3cmのさざなみが立っているようなものだ．最初はほとんど均一な宇宙だったといって差し支えない．

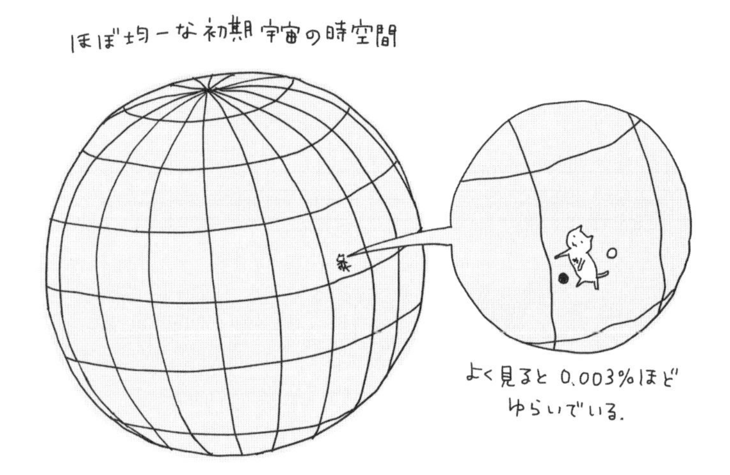

だが，この最初は無視できるような小さなゆらぎが，宇宙の構造，そして私たち自身を作り出すのになくてはならないものになる．しかも，以下にのべるように，このゆらぎの大きさは大き過ぎず小さ過ぎず，人間の存在にとって都合のいいものになっているのである．

初期ゆらぎの大きさが実際と異なっていたら

宇宙の初期ゆらぎの大きさが実際と異なっていたらどのような宇宙になるだろうか．もし，パラメータA_Sの値が10^{-9}程度より小さければ，星や銀河などが作られたとしても小さく弱々しいものになってしまうだろう．星というのは原子が集まったものだが，宇宙空間では物質が乱雑な動きをするので，充分に小さな領域に物質が集まるのがむずかしい．実際，ダークマターは星のようなサイズに集まることができない．だが，原子はダークマターと違い，光と相互作用する．このため運動エネルギーを光として放射することができ，乱雑な動きを減らして小さく集まることができる．運動エネルギーが減るということは，冷えるということだ．つまり，原子は冷えることによって小さく集まることができるのだ．

だが，原子を充分に冷やすためには，充分な量の原子が集まってくれないと効率が悪くなる．初期ゆらぎが小さ過ぎると，最初に充分な量の原子が集まらない．もし初期ゆらぎが実際よりさらに小さく，パラメータA_Sの値が10^{-11}程度よりも小さければ，星が作られるほどには原子が充分に冷えないだろう[※2]．

初期ゆらぎが小さくても，銀河の中で偶然的に大きな星ができることはあるかもしれない．だが，それが超新星爆発を起こして炭素や酸素を宇宙空間にばらまくとしても，銀河が小さいためそうした元素は銀河の外へ飛び出してしまうだろう．すると，いろいろな元素を豊富に含む地球のような環境が生まれることはなく，生命が生まれることもないだろう．

さらに初期ゆらぎがかなり小さかったとしたら，宇宙には構造らしい構造すらもできず，ほとんど均一なまま現在を迎えてしまうだろう．現在の宇宙は膨張が加速し始めている．宇宙膨張が加速すると，密度ゆらぎは成長することがむずかしくなる．加速し始めている現在の段階で密度ゆらぎが小さければ，加速する宇宙膨張を振り切ってさらにゆらぎが成長することはできないのだ．こうして，ほとんど均一な宇宙が永遠に続いてしまうだろう．

逆に，もし初期ゆらぎが実際より大きく，パラメータA_{S} が

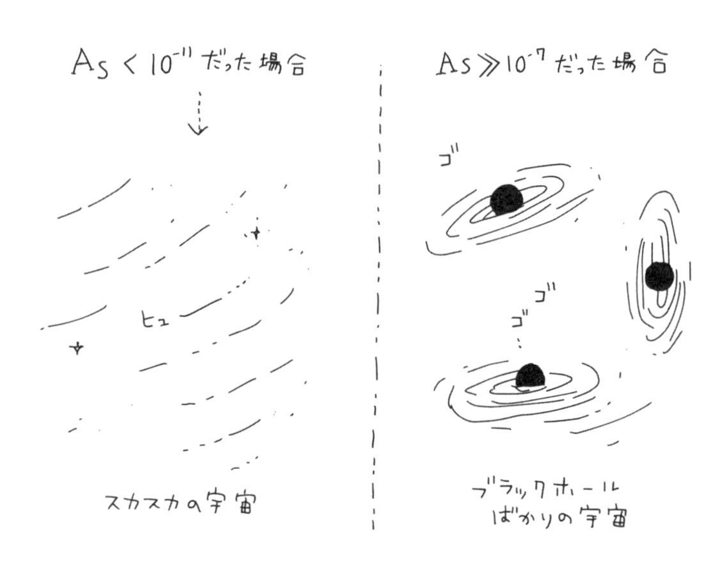

10^{-7}程度より大きければ，作られる銀河がもっと大きくなり，銀河中にある星ぼしはもっと密集して存在するようになるだろう．

実際の宇宙では星ぼしの間の距離が非常に離れているため，太陽系は他の星の影響を受けずにほとんど孤立している．このために地球は太陽の周りを何十億年も安定して回り続けることができるのだ．もし銀河系の中で星々がもっと密集していたら，頻繁にほかの恒星が太陽系に接近してきて，惑星軌道が乱される．これでは，惑星が安定して恒星の周りを回り続けることができなくなり，生命が進化することもないだろう．

さらに初期ゆらぎがもっと大きかったら，物質が集まり過ぎることにより，星や銀河の代わりにブラックホールができるようになってしまうだろう．ブラックホールに引き寄せられた原子でできたガスは非常に高温になり，強烈なX線やガンマ線を放射する．とても荒れ狂った宇宙になり，やはり生命の生きられる余地はなくなるだろう．

インフレーション理論と初期ゆらぎ

ここまでに何度か紹介したが，インフレーション理論は宇宙の曲率が非常に小さいことを説明する有望な理論である．非常に小さい領域を急膨張によって引き延ばすからである．このため，宇宙がほとんど均一であることもインフレーション理論では自然に導かれる．だが，インフレーションが宇宙の曲率をどこでも完全にゼロにしてしまったら，宇宙の曲率ゆらぎは作り出されず，宇宙の初期ゆらぎは消え去り，完全に均一な宇宙になってしまうだろう．インフレーション理論は，宇宙の初期ゆらぎをどう作り出すのだろうか．

これについては，量子論がそのカギを握っていると考えられている．プランク定数の章でも紹介したように，量子論の原理によれば，物体の場所と速さは同時に決められない．つまり不確定性関係がある．不確定性関係は一般的なもので，場所と速さだけでなく，どんな物理量についても適用される．物質のもとが生まれたとき，その密度を宇宙のどこでも完全に一つの値に定めて均一にしようとしても，不確定性関係によりそれができない．必然的に初期宇宙で密度のゆらぎが発生すると考えられるのである．

こうして量子効果によって宇宙の初期ゆらぎが発生したとして計算してみると，私たちの宇宙の構造を説明するのに都合の良いゆらぎの性質が導かれる．ただ，量子効果を考慮したインフレーション理論によっても，ゆらぎの大きさ自体を理論的に決めることはできず，パラメータA_Sの値がなぜこの値になるのかは説明できない．インフレーション理論に含まれる

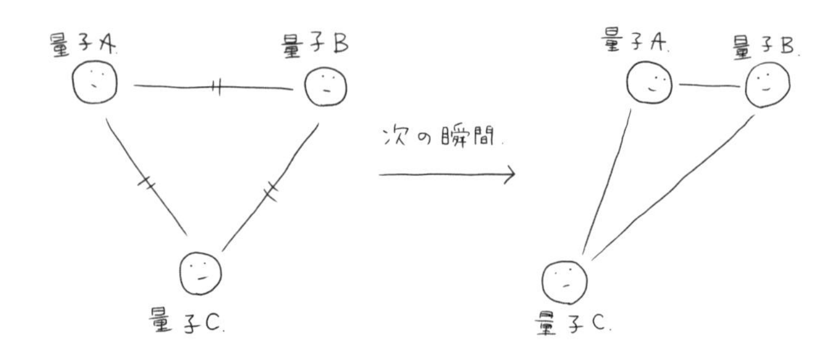

量子の不確定性原理により，量子の場所や速さが同時に決まらず，必然的に密度のゆらぎが生じる．

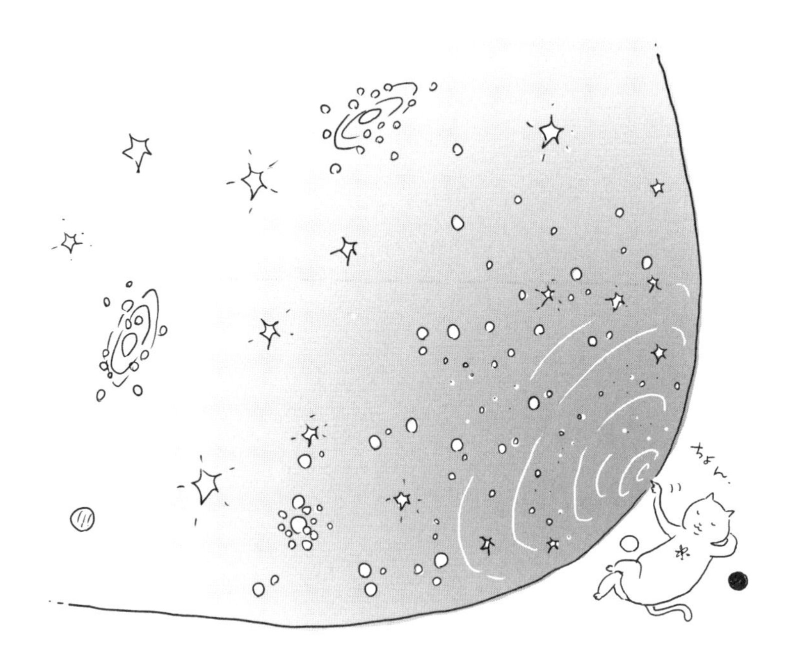

初期ゆらぎの大きさは，誰かが意図したかのように微調整されている．

別のパラメータによって，いかようにも調整できるのだ．つまり，インフレーション理論においても，初期ゆらぎの大きさは観測で決めるしかないパラメータなのである．このパラメータの値もまた例によって，なぜか生命の存在を許すような値に選ばれているのだ．

※1　Planck Collaboration, arXiv:1807.06209；この数値には誤差が1.5％程度ある．また，曲率ゆらぎの大きさは長さの尺度にあまりよらないが，　多少の波長依存性があり，上にあげた値は波長が 126 Mpc=3.89×10^{18} m におけるものである．

※2　M. Tegmark and Martin Rees, Astrophys. J. 499, 526 (1998)

Chapter | 17 |

素粒子の 世代数：3

素粒子の種類はいくつあるのか

私たちが眺めているこの世界には多種多様な物質があり，それがゆえに私たちは生きることができる．楽しいことがあったり苦しいことがあったり，人生悲喜こもごもだが，それもこれもこの世界があってこそのものだ．ここまで読んでくださった読者には，この世界が驚くべき調和に満ち溢れた奇跡的な存在である，ということを実感していただけたのではないだろうか．

そんな多様な世界であるが，それを構成しているのはいくつかの種類の素粒子である．素粒子の種類がいくつあるのかがわかってきたのは1970年代に素粒子の標準理論が確立し始めてきてからなので，いまから40〜50年ほど前のことになる．それまではこの世界にどれだけの種類の素粒子があるのかわかっていなかったのだ．

物質は原子でできている

歴史を振り返ると，そもそもこの世界が粒子の集まりだとわかってきたのは，それほど昔のことではない．古代ギリシャ時代には，レウキッポスやその弟子であるデモクリトスが，すべての物質は原子という基本的な粒子から成り立っていると考えていたという．それは科学的な議論というより哲学的なもので，物質を無限に分割できるはずがないから，という理由からであった．だが，この考え方は広く受け入れられたわけではない．後世に大きな影響を残したアリストテレスは，原子論の考え方とは対照的に，物質は連続的なものであって，どこまでも分割で

きるのだと考えていた．その考えは四元素説とよばれ，すべての物質は土，水，空気，火の四つの要素から成り立っているというものだ．そして，第五の元素であるエーテルが天上世界にある星や惑星を作り出していると考えた．

物質に原子のような最小単位があるのか，そんなものはなく物質がどこまでも分割できるのか，という問題は，その後も長い間解決しなかった．現代では原子が存在することは常識となっているが，その原子の大きさがあまりにも小さいために，存在しているという証拠を見つけるのがとてもむずかしかったのである．実際，20世紀の初めごろになっても，まだ原子の存在は疑わしいものとみなされていた．原子の存在が疑いようもなく明らかになったのは，あのアインシュタインが，奇跡の年とよばれる1905年に原子論を用いてブラウン運動を説明する理論を発表したこと，また，1908年にその理論をペランが実験的に実証したことによる．

原子は何でできているか

いったん原子の存在が明らかになると，そこからの進展は速かった．1911年にはラザフォードが，原子核の周りに電子が取り巻いているとする原子模型を実験に基づいて提案し，原子核の存在が明らかになってきた．1913年に，ボーアはその当時提案されていた量子仮説を応用して，原子がどうして存在できるのかを物理的に説明した．その理論は量子力学の建設へとつながっていった．また，1918年にはラザフォードによって水素の原子核である陽子が実験的に見つけられ，1930年にはチャドウィックによって中性子が実験的に見つけられた．こうして，原子核は一般に陽子と中性子から成り立っていることがわかってきたのである．もはや原子はそれ以上分解できない基本要素ではなく，電子，陽子，中性子から成り立つことが判明した．

これら3つの粒子はそれ以上分解できない素粒子ではないかと考えられたこともあったが，その考えも長くは続かなかった．1950年代から1960年代にかけて，陽子でも中性子でもない「素粒子」が続々と見つかり出したのである．もはやそれらの「素粒子」の数は多過ぎて，それらがすべて基本的な素粒子であるとは考えられなくなってきた．そこで登場したのが

宇宙には多種多様な物質があり，それがゆえに地球や生命は誕生できた．

クォーク模型である．この模型によれば，陽子や中性子，そして新たに見つかった数々の新粒子が，限られた種類のクォークによって構成されている．陽子と中性子は，アップクォークとダウンクォークが3つ集まった粒子である．クォーク模型は実験結果をうまく説明することができ，その正しさは疑いようがない．だが，クォーク自体を陽子や中性子などから単独で取り出すことができないという性質があり，直接クォークを測定することはできない．

一方，電子はそれ以上分解できそうな兆候が見つかっていないので，基本的な素粒子だと考えられる．また，中性子が陽子に変化するベータ崩壊という過程で出てくる別の素粒子があり，ニュートリノとよばれている．ニュートリノは幽霊粒子ともよばれるほど検出するのがむずかしく，1956年に初めて実験的に見つかった．

素粒子の種類にはパターンがある

こうして，それ以上分解できないと考えられる素粒子として，クォーク，電子，ニュートリノの3種類があることがわかってきたのだ．アップクォークとダウンクォークは私たちの身の回りに満ちあふれているが，クォークには別の種類のものもある．先にのべた陽子でも中性子でもない多くの「素粒子」というのは，アップクォークとダウンクォークに加えて，ストレンジクォークという別のクォークも含め，いろいろな組み合わせで作られた複合的な粒子だったのだ．

一方，電子やニュートリノについても，別の種類の似た粒子があることがわかってきた．電子によく似た粒子としてミュー粒子というものが1936年に見つかっていて，電子よりも重いがそれ以外は電子と同じ性質を持っている．また，ニュートリノについても最初に見つかったニュートリノとは別の種類のミューニュートリノというものが理論的に予想されていて，1962年に実験的に見つけられた．これに対して最初のニュートリノは電子ニュートリノとよばれることになった．

これらの素粒子の間に働く力としては，強い力，弱い力，電磁気力，重力がある．これらの力は相互作用とよばれ，素粒子の動きを左右するだけでなく，素粒子の種類を変化させる作用もある．相互作用の働き方を整理してみると，アップクォークとダウンクォーク，そして電子および電子ニュートリノという4種類の素粒子をひとまとめにしたパターンで理解できることがわかってきた．また，ストレンジクォーク，ミュー粒子，ミューニュートリノは，それぞれ，ダウンクォーク，電子，電子ニュートリノに対応する似た性質を持っている．するとアップクォークに対応する未発見のクォークがあるのではないかと理論的に考えられ，チャームクォークと名付けられた．最初のパターンは素粒子の「第1世代」とよばれ，次のパターンは「第2世代」とよばれる．

素粒子は第3世代まである

1973年に小林 誠と益川敏英は，CP対称性の破れとよばれる実験結果を説明するために，このほかに第3世代の素粒子群があるのではないか，という可能性を考えた．実験的にはクォークが3つしか見つかっていない時代に，理論的にクォークが6つもあると予言したのだ．これを小林・益川理論という．提案当時は1つの可能性に過ぎなかったが，驚くべきことに，その予言は実際に正しいことがその後の実験で一つ一つ確かめられていった．第3世代のクォークはトップクォークとボトムクォークと名付けられ，電子やニュートリノに対応する粒子はタウ粒子，タウニュートリノと名付けられ，2000年までにはこれらすべての粒子が実験的に見つけられた．小林・益川両氏は最初に第3世代の存在を理論的に予言するという顕著な業績によって2008年のノーベル賞を受賞した．

ちなみに，益川氏は私が以前所属していた名古屋大学素粒子宇宙起源研究機構の機構長だった．また，小林氏は私が現在所属している高エネルギー加速器研究機構（通称KEK）において素粒子原子核研究所長と理事を歴任し，現在は特別名誉教授である．KEKは素粒子実験に用いる巨大加速器を運用しており，小林・益川理論の実験的検証に大きな貢献をした．

さて，素粒子には第3世代まであることがわかったが，それでは第4世代はあるのだろうか．あるいはさらに第5世代，第6世代，と続いていたりするのだろうか．実は，これについては理論的な整合性から否定的に考えられている．さらに実験的にも，異常に不自然な重いニュートリノを考えない限り，

世代

	電荷・スピン	第1世代	第2世代	第3世代
クォーク	$+2/3$・$1/2$	u アップ	c チャーム	t トップ
	$-1/3$・$1/2$	d ダウン	s ストレンジ	b ボトム
レプトン	-1・$1/2$	e 電子	μ ミュー粒子	τ タウ粒子
	0・$1/2$	ν_e 電子ニュートリノ	ν_μ ミューニュートリノ	ν_τ タウニュートリノ

クォークの世代数が2世代しかないと，CP対称性の破れを生じさせるための複雑さが足らず，CP対称性が厳密に保たれてしまい，現実の宇宙を説明できない．しかし，世代数が3になると，CP対称性の破れを引き起こすために充分な複雑さが得られる．

ニュートリノの種類は3種類で打ち止めであることがわかっている．つまり，なぜかこの宇宙では素粒子の世代数が3という特別な値になっているのである．

なぜ世代数は3なのか

素粒子の世代数が

$$3$$

であることが，私たちの世界の存在にとってどういう意味を持っているのか，今のところはっきりしているわけではない．世代数が3よりも少ないと，小林・益川理論により，CP対称性とよばれている，粒子と反粒子の間の入れ替えと空間反転を同時に施す対称性が保たれる．現在の宇宙がほとんど粒子でできていて，反粒子がほとんど見られないことは，この宇宙に私たちが存在できるために重要な条件である．もしCP対称性が厳密に保たれていると，粒子と反粒子の数が等しくなる．粒子と反粒子が出会うと光のエネルギーとなって消滅してしまうので，粒子と反粒子の数が等しければ，宇宙の初期に物質がすべて消滅してしまっているだろう．したがって，この宇宙に私たちが存在できるためには，CP対称性が必ず破れていなければならない．

ただ，小林・益川理論によるCP対称性の破れだけでは，実際の世界を作り出すには不十分だと考えられている．だが，素粒子の標準理論を超える理論においてCP対称性が破れていたとすれば，この世界の存在は説明できる．私たちになじみ深い世界は第1世代に属する素粒子だけで作ることができるので，CP対称性の破れを別の理論で説明できるのであれば，素粒子の世代が3つでなければならないという理由にはならない．実際のところ，素粒子の世代数が3である理由は謎に包まれているのだ．それは偶然に決まったのかもしれないし，あるいは私たちがまだ理解していない深い理由がどこかに隠されているのかもしれない．自然界における素粒子のパターンがなぜ3回繰り返し，しかも3回で終わっているのかを理解することは，この世界が存在する理由を解き明かす鍵になるのかもしれない．

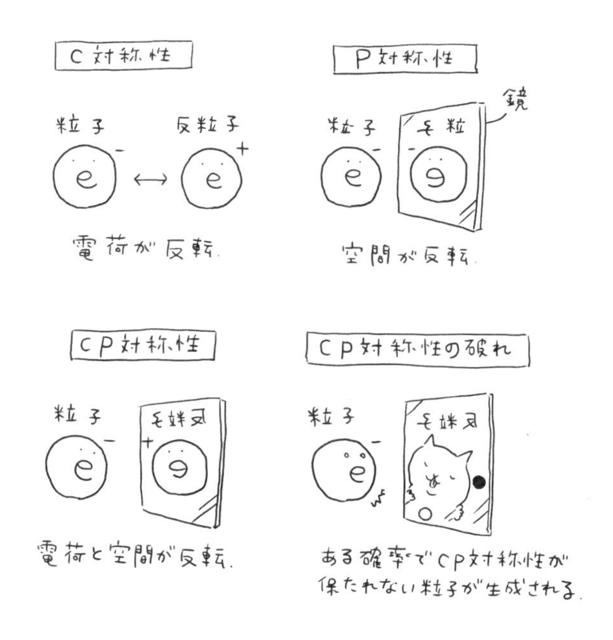

真空に強いエネルギーが集中すると，粒子と反粒子が対生成され，その後，それらは衝突して対消滅する．宇宙が誕生した際は，この対生成と対消滅を繰り返していた．ほとんどは粒子と反粒子の対称性を保って生成されるが，まれに対称性が保たれない粒子が生成されることで粒子と反粒子の間に微妙な違いが生じ，現在の宇宙に物質だけが残されたと考えられている．

Chapter | 18 |

空間と時間の次元：3と1

次元とは

ふだんの生活ではまったく気にも留めないほど当たり前のことに，空間と時間の次元がある．筆者が次元という言葉を初めて聞いたのは，アニメのルパン3世に出てくる次元大介がおそらく最初だったため，次元というと今でも髭面で帽子を被った射撃の名手をまずは思い出してしまう．それもそのはずで，作者のモンキーパンチ先生が次元という名前を付けたのは，数学に出てくる次元という言葉を好きだったためらしい．

ここでいう次元というのは，もちろん人の名前ではない．位置を表すのに必要な数がいくつ必要かという値である．たとえば，まっすぐに伸びた数直線というのは，数字を1つ指定すれば場所が1つに定まる．したがって，数直線は1次元である．1次元の空間はまっすぐに伸びている必要はない．曲がりくねった糸を思い浮かべると，その糸の場所はどこでも1つの数字で表すことができる．数直線を曲げたものだと思えばよい．

同様に，平面上の空間はx軸とy軸によって表されると習った．これは，2つの数を指定すれば場所が1つに定まることを意味している．したがって，平面上の空間というのは2次元である．この平面は真っ平らである必要はない．曲がった面上の点も，やはり2つの数で表すことができる．たとえば，地球上の地表面は，緯度と経度を指定すれば場所が1つに定まる．地表はデコボコしているが，それでも2次元の空間なのだ．

空間の次元は3だ．たとえば，地球上で特定の場所を示すには，緯度と経度に加えて，高度を指定する必要があり，全部で3つの数が必要になる．また，時間の次元は1だ．時間と

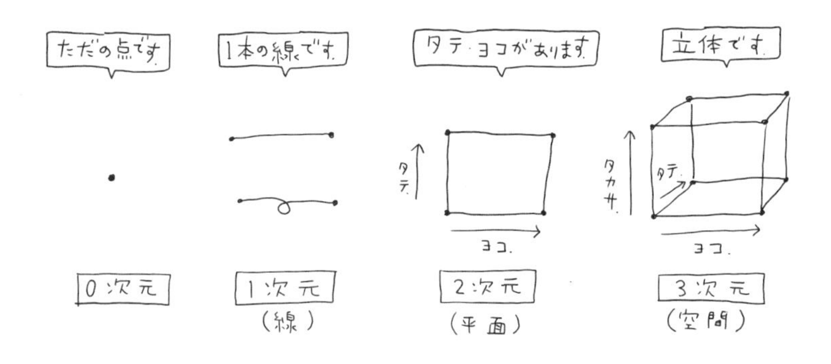

いうのは，ある基準の時から何秒経過したかという1つの数だけで表すことができる．

あまりにも当たり前なので通常は疑問にも思わないかもしれないが，なぜ空間と時間の次元はそれぞれ

3と1

なのだろう．2次元の空間や4次元の空間，2次元の時間があってもよいのではないのか．

空間の次元が3でなかったら

まず，空間の次元について考えてみよう．空間の次元が極端に小さいとすると，考えられるのは0次元だ．0次元とは，場所を示すのに何の数字もいらないということであるから，場所とよべるところが1つしかない．0次元の空間とは，一つの点が世界のすべてなのだ．0次元の空間に人間が生きられないのは明らかだろう．点には何の構造もなく，少しも動くことができないのだから．

次に1次元の空間だが，これは線のことである．最初にのべたように，数直線を思い浮かべればよい．1つの数字だけで場所をいい表すことができる．ここにも人間が生きられる余地はないだろう．1次元の空間には粒子が存在できるが，それだけである．粒子が左右に動くことができて，相互に力をおよぼしあうことはあるだろう．だがあまりに単純過ぎて，自己複製する生命体が生まれる余地はないだろう．仮にそんな世界にもどういうわけか人間のような思考のできる生命がいたら，一方向にしか動けないので，両側にいる人以外と会うことは

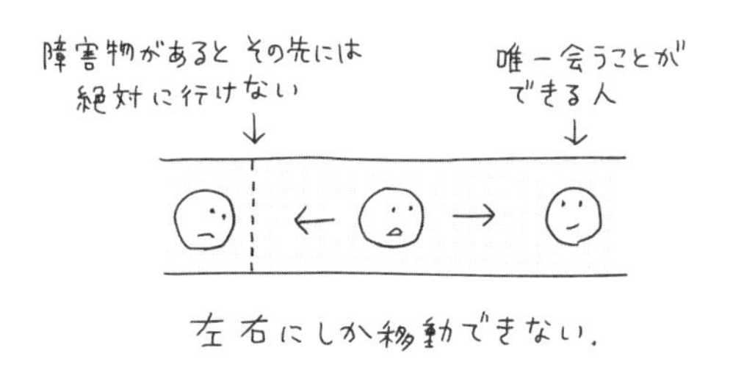

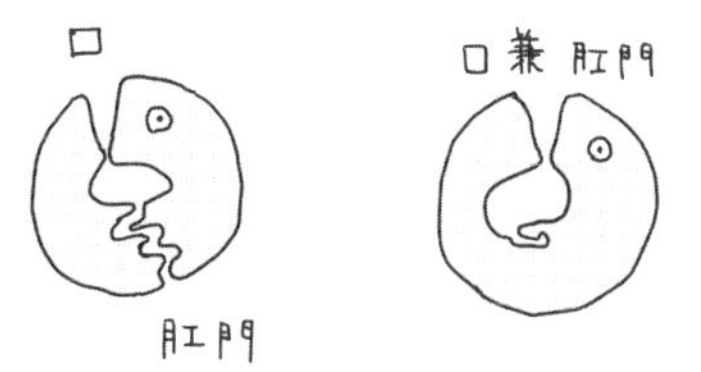

できない．両側に通り抜けられない粒子があれば，一生その間に閉じ込められる．なんと孤独な世界になることか．

次に2次元の空間だが，これは面のことである．平面上であれば，多少は自由に動き回る余地が生まれる．だが，依然として生命にとっては単純過ぎることが否めない．人間の脳の神経回路は平面の中で繋がり合わなければならず，お互いに交差することができない．それでは回路がショートしてしまい，人間の脳のように複雑な情報処理はできなさそうだ．

また，血管のように太さのある筒状の構造もできない．2つの曲線に囲まれた管のような構造があったとしても，太さがうまく保てないし，交差することもできない．もし2次元空間に生きる生き物がいたとして，口と肛門をつなぐ空間があれば，そこを境にして体が半分に別れてしまうだろう．それを避けるためには口と肛門が同じにならざるを得ないので，汚くていやだ．

3次元の空間では，神経回路や管が交差することができ，充分に複雑な情報処理ができる．また，血管などは体の中を縦横無尽に張りめぐらされている．このようなことが可能で，生命が生きられる世界になるためには，少なくとも空間の次元が3より多い必要があるはずだ．

4次元以上の空間でも，充分に複雑な神経回路や管を作ることはできる．だが，その場合には，別の理由で困ったことになる．原子が安定に存在できなくなることが知られているのだ[※1]．原子というのは，原子核の周りに電子が安定に存在できるからこそ存在できるものだが，4次元以上の空間ではそのような安定性が成り立たないのである．安定な原子が存在しなければ，原子から成り立っている私たちは存在できない．

また，空間次元が4以上だと，太陽の周りを地球が安定して回るということもできなくなる．空間が3次元でない場合，万有引力が距離の2乗に反比例するという逆2乗則が成り立たなくなる．4次元や5次元の空間では，万有引力が逆3乗則や逆4乗則にしたがうようになる※2．

万有引力の法則がそのように変更されると，地球は完全な円軌道を描くことはできても不安定だ．ほかの惑星からちょっとした力を受けるなどして軌道が乱されると，そのまま太陽に落ち込んでしまうか，あるいは遠方に飛んでいってしまうかのどちらかになってしまう．これでは，地球上に生命が進化することはできない．

以上のことから，空間の次元が3であるというのは，私たち

もし，4次元世界へ通ずるポケットがあったとしたら，その中に入っているものはすべてバラバラになってしまうだろう．

人間が生きるのにちょうどよい数であることがわかる．それ以外の次元を持つ空間があってもよいが，そんな世界には生命が生まれないだろう．

時間の次元が1でなかったら

時間の次元が1でないような世界は想像がむずかしい．私たちにとっては，過去から未来へ時間が流れていく，というのが当たり前だからだ．時間とは，一つの方向へ否応無しに流されていくというのが，私たちの運命というものだ．

もし時間が2次元なら，時間を指定するのに2つの数が必要になる．3時に会いましょう，という代わりに1番目の時間が3時で2番目の時間が5時となる交点で会いましょう，というようなややこしいことになる．

1次元の時間では空間を移動することで必ず会うことができるが，2次元の時間があると，時間方向へも移動しなければ会えなくなる．空間方向へ移動する足のほかに，時間方向へも移動できる足が必要だ．

何もしなくても1方向へ流れていく時間と違って，2次元の時間は決まった方向へ流れるということはできない．そんな世界に人間がいるとすれば，思考形式は私たちのものとはまったく異なっているだろう．1次元の時間の中でだけ思考が可能な私たちにはちょっと想像がつかない．

想像を絶するが，数学的に考えて形式的に時間を2次元以上に拡張すると，物質を形作る素粒子は不安定になる．陽子が中性子と陽電子とニュートリノに崩壊してしまったり，電子が中性子と反陽子とニュートリノに崩壊してしまったりする[※3]．

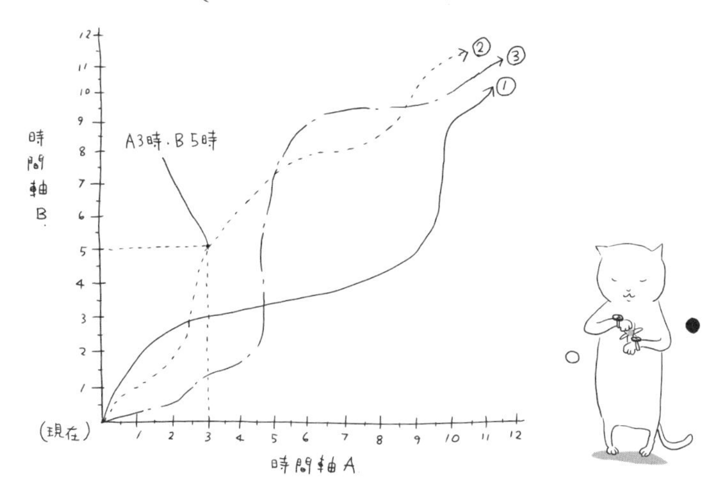

もし時間が2次元の世界になってしまったら，時間を指定することがとてもむずかしくなる．たとえば，待ち合わせには時間軸Aが3時で時間軸Bが5時のときに○○に集合，といったことになる．時間が②のように進めばこの待ち合わせも可能だが，①や③のように進むことも考えられるわけで，未来の予測を行うことがとても困難になってしまう．

また，時間の次元が2以上になると，現在の状態から未来を予想できないという事態が発生する※4．人間は，現在持っている知識をもとに未来に何が起きるかを予想しながら生きている．それができなくなれば，生命が知的活動をするように進化することはないだろう．

空間と時間の次元は選ばれたものか

以上のように，空間の次元と時間の次元がそれぞれ3と1でなかったら，人間のような知的生命が生きられるとはとても考えられない．だが，自然界の法則としては空間や時間の次元が異なっていても矛盾するわけではない．なぜか人間が存在するのに都合のよい値が選ばれているのだ．

世界の究極理論といわれるストリング理論の研究者は，この宇宙が0次元の点粒子ではなく，空間的に広がったひも状のもの，もしくはそれを拡張したものからできていると考えている．その数学的整合性から，空間の次元はもともと9次元であるという．

これが本当なら，現実の空間は3次元であるから，6次元分の余分な次元をどこかへ隠してしまわなければならない．ストリング理論では，余分な6次元が小さく丸め込まれていると考える．これはたとえば，2次元の面を1方向へ小さく丸め込んで1次元的な筒にしてしまうようなやり方である．

6つの空間次元がどう丸め込まれているのかはよくわかっていない．それがどのように丸め込まれるかという仕方は一通りでなく，莫大な数の仕方がある．だが，どのように丸め込まれるかによって，残された3次元空間の性質が変わってしまうので，現実の宇宙に対応するものはそのどれか一つであると考えられる．

もし丸め込まれる空間次元の数が6でなくてもよいのなら，3次元だけが残る必要はない．4次元や5次元などの空間を持つ宇宙があってもよいだろう．また，ストリング理論からは離れるが，時間の次元ももっと大きな次元が丸め込まれていると考えることもできるかもしれない．空間と時間の次元が任意に選べるとしたら，それらが人間の存在できる3と1であるというのは単なる偶然ではないだろう．実際には，いろいろな可能性がある中で，なぜ3と1という数字が選ばれているのか，ほかのパラメータに対する微調整問題と同様に，そこにはまだ私たちが理解していない深い理由がありそうだ．

ストリング理論（超ひも理論）では，空間の次元は9次元であるとされる．
残りの6次元は，人間が感知できないほど小さく丸め込まれているという．

※1　J. D. Barrow and F. J. Tipler “The Anthropic Cosmological Principle”, Oxford University Press (1986)．ただし，物理法則を強引に修正すれば4次元以上の空間でも安定な原子が存在できるという研究もある〔F. Burgbacher, C. Lammerzahl and A. Macias, J. Math. Phys. 40, 625 (1999)〕．
※2 一般に N 次元の空間では，万有引力が距離の N-1 乗に反比例する．
※3 J. Dorling, Am J. Phys. 38, 539 (1969)；F. J. Yndurain, Physics Letters B 256,15 (1991)
※4 M. Tegmark, Class. Quantum Grav. 14, L69 (1997)

Chapter 19

エディントン数：10^{80}

エディントン数とは

1から順番に数をどこまで数えることができるだろう．子どもは得意になって可能な限り数を数えたりする．だが，万，億，という単位まで習ってしまうと，いくら数えても終わらなくなってくるので，そんなことはばからしくなってしまうだろう．その代わり，正確に一つずつ数えなくても，この一塊が約10個，さらにこの塊が約100個などとまとめて数える技を身につければ，かなりの数まで数えることができる．

このようにして，愚直にものを数えるということにも限界がある．その最大数は，宇宙にあるものをすべて最小単位にまで分解して，その最小単位が宇宙全体にいくつあるのかを数えたものになるだろう．その数をエディントン数とよぶ．それはおよそ

$$10^{80}$$

という巨大な数となる．

この巨大数の名前のもとになったのが，アーサー・エディントンだ．著名な天体物理学者であり，アインシュタインの一般相対性理論をいち早く理解して，その検証観測をしたことでもよく知られている．エディントンは1938年に，当時はそれ以上分解できない素粒子だと考えられていた陽子がいくつあるのかを見積もっている．それは，「宇宙全体に15 747 724 136 275 002 577 605 653 961 181 555 468 044 717 914 527 116 709 366 231 425 076 185 631 031 296個の陽子が存在

宇宙にある陽子の数を数えたものを「エディントン数」といい，およそ10^{80}個ある.

する」，というものだ．この数字はほぼ 1.6×10^{79} である．また，宇宙にはそれと同じ数だけの電子もある．さらに，当時は知られていなかった素粒子もあるので，この数字は宇宙にある最小限の素粒子の数とも考えられる．ここでは，この数を大雑把にとらえた10^{80}をエディントン数とよんでおこう．

現代宇宙論からエディントン数を見積もっても，やはり同じくらいの数になる．実際に，最新の観測値から宇宙にある陽子と中性子の密度を求めると約 4.2×10^{-28}kg/m^{3}であり，観測可能な宇宙の半径は約 4.4×10^{26}m である．ここから体積を計算して密度をかけると，観測可能な宇宙全体にある陽子と中性子の質量になる．陽子と中性子の質量はほぼ等しい．そこで，

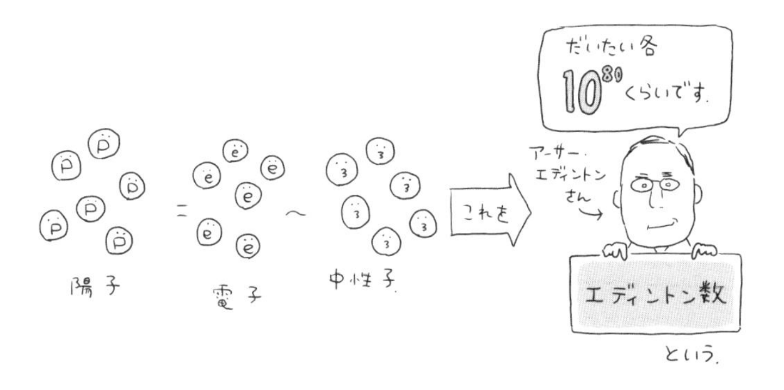

陽子・電子・中性子の数はごく大ざっぱに同じくらいある.

得られた値を陽子の質量で割ると, 9.0×10^{79}という数字が出てくる. つまりほぼ10^{80}である.

このような巨大な数がどうしてこの宇宙に現れてくるのか, 物理的な理由はない. 宇宙の大きさと陽子の質量の間に, 成り立つべき関係性がないからだ. このエディントン数も, 宇宙のパラメータとしては偶然の産物のように見える. このエディントン数の解釈については, 歴史的な紆余曲折が知られている. 以下にそれを紹介しよう[※1,2,3].

奇妙に符号する巨大数

エディントンはエディントン数が偶然の産物ではないものと考えた. この巨大数が, 何か別の物理的な量と関係しているのではないかと考えたのだ. エディントンのころには, 弱い力や強い力についてはよく理解されていなかったため, 自然界に確実にある力といえば電磁気力と重力だけだった. 電磁気力は重力にくらべて格段に強い. その強さの比は, 数倍の違いを気にせずに大雑把にとらえると，10^{40}ほどになる．

電磁気力と重力の強さの比がこの値になることにも物理学的な理由はない．物理法則の観点からはどんな値でも取り得る宇宙のパラメータなのだ．だが，このような巨大な数が現れてくるのは不自然である．エディントンは，この値がエディントン数の平方根にほぼ等しいことに目をつけた．そして，それは何か未知の統一理論によって関係づけられているはずだと論じたのである．とはいえ，その理論がどういうものかを明らかにすることはもちろんできなかった．

ディラックの巨大数仮説

この問題に首を突っ込んだ別の物理学者が，ポール・ディラックだ．著名な理論物理学者で，量子力学やその発展に多大な寄与をしたことで殊に有名だ．そのディラックは1937年に「巨大数仮説」というものを唱えた．彼が注目したのは，エディントン数の平方根，電磁気力と重力の強さの比の2つの巨大数に加えて，もう一つの巨大数である宇宙の大きさと電子の大きさの比を考えた．この最後の比の値も10^{40}ほどになる．これら3つの数値がどれも10^{40}程度の同じような値になるという理由は現状の物理学の中にはない．つまり，偶然の一致としかいいようがない．この偶然の一致そのものは，エディントンやその他の人々によって以前から知られていた．

ディラックが唱えた巨大数仮説とは，何らかの理由によってこれら3つの巨大数がつねに等しくなる，というものである．ここで，「つねに等しい」というところが重要だ．なぜなら，これら3つの巨大数の中には宇宙の年齢とともに変化するものが含まれているからである．その理由は，宇宙の大きさにある．ここでいう宇宙の大きさとは，観測可能な宇宙のことである．観測可能な宇宙の大きさは，時間とともに増えていく．私たちに見えている宇宙の範囲は時間とともに広がっていくからだ．ここに現れてきた3つの巨大数が時間によらずに等しいとすると，$e^2G^{-1}m_p^{-1}$という組み合わせが時間に比例して増えるという結論が導かれる．ここでeは電気素量，Gは重力定数，m_pは陽子の質量である．ディラックは，このうち重力定数Gが時間に反比例して小さくなっているのではないかと考えた．すなわち$G \propto t^{-1}$が成り立つというのである．そうであれば，3つの巨大数はつねに10^{40}という値を保ち続けられるわけだ．

本来時間とともに変化しないはずの定数が変化するというのはたいへんなことだ．重力定数は，ニュートンの重力理論でも，アインシュタインの一般相対性理論でも，一貫して時間によらない定数だと考えられてきた．もし重力定数が時間に反比例して小さくなり続けているのなら，昔はもっと重力が大きかったはずだ．

巨大数仮説のほころび

だが，ディラックの仮説にはすぐにほころびが見つかる．この仮説によると，重力定数は昔ほど大きかったことになる．重力定数が大きければ，太陽はより強く輝くことになり，さらに地球の公転軌道は現在よりもずっと内側になる．すると，過去の地球環境は現在よりもずっと熱かったことになり，原始の地球では海が沸騰して生命が生き延びられる余地がなくなってしまう．原始の地球には海があって生命がいたという証拠と矛盾するのだ．さらに，過去に重力が大きいと，太陽内部での核融合が速く進み過ぎて，現在までに太陽は燃え尽きているはずだ．それは，太陽が現に今も輝いていることと矛盾する．

こうした矛盾は重力定数が小さくなっていることを否定するものだが，巨大数仮説を否定するものではない．巨大数仮説では，物理パラメータの組み合わせ $e^2G^{-1}m_p^{-1}$ が時間に反比例して大きくなればよいので，重力定数があまり変化しないのであれば，電気素量 e か陽子質量 m_p が変化するのかもしれない．

ビッグバン理論の先駆者として有名な理論物理学者，ジョージ・ガモフは，巨大数仮説は成り立っているとして，電気素量の2乗 e^2 が時間に比例すると考えた．この場合にも太陽の明るさは過去に遡ると明るくなるが，それほど大きくは変化しないので，生命が誕生したころの地球の海を沸騰させてしまうほどではない．とはいえ，ガモフの説にしたがうと，やはり太陽は現在までに燃え尽きていなければならないことが明らかになった．こうしたことがわかってくるにつれ，ガモフは電気素量が時間的に変化するという説をすぐにあきらめてしまった．

定数は本当に定数か

こうした議論を通じて何か有用な知見が得られたわけではなかったが，それでも，物理的な基本定数がもしかすると時間変動するかもしれない，という可能性に関心が集まるきっかけにはなった．それは実験や観測によって検証できる科学なのだ．宇宙の観測では，遠くの宇宙が昔の宇宙に対応するので，時間変動を見つけやすい．

電気素量については，遠方のクェーサーを調べることにより，宇宙年齢に近い100億年程度の規模において，0.001％の精度で変動していないことが確かめられている[※4]．さらに地上の実験によってさらに厳しい制限がつけられていて，1年あたり10^{-17}の精度で変動していないことが確かめられている[※5]．これは100億年程度で見ても0.0000001％の精度で変動していないことに相当する．

陽子の質量と電子の質量の比が変動しているかどうかを調べる実験もなされているが，やはり100億年程度の規模で

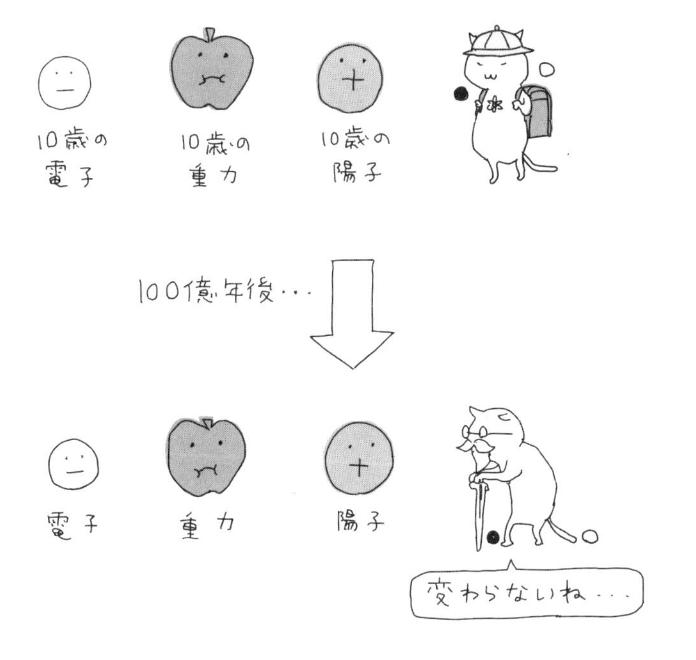

0.00001%の精度で変動していない[※6]．また，重力定数の時間変動は，遠方超新星や宇宙背景放射，宇宙の大規模構造などの観測によって制限がつけられ，100億年程度の規模で0.1%の精度で変動していないことが確かめられている[※7]．

ディッケの議論

したがって，今日ではディラックの巨大数仮説は成り立っていないことが明らかになっている．にもかかわらず，もともと関係のない巨大数の桁が奇妙に符号していることは事実だ．

これについては，1961年にロバート・ディッケが新しい議論を展開した．そこには生物学的な理由があるのだという．私たちの知っているような生命が進化するためには，炭素や酸素，窒素，リンなどの元素が必要不可欠である．こうした元素は宇宙が始まったときからあるわけではない．それらは星の中で作られる．そのためには，天体が形成して進化する時間が必要だ．さらに生命が進化する時間も必要だ．それには100億年程度の時間を要する．そして，100億年を大きく超えると，星が光らなくなって，生命が活動することがむずかしくなる．

ディラックの巨大数仮説で物理定数の時間変動を必要とした理由は，宇宙の現在の大きさが変化することにある．だが，ディッケの議論によれば，宇宙を観測する人間は宇宙年齢100億年から大きくずれたところにいることはない．すると，現在の宇宙のだいたいの大きさは必然的に決まってしまう．巨大数が不自然に符号していることは，偶然ではなく，人間の生きることのできる条件と関係していたのだ．

生命が進化するための元素たちは星の中で作られた.

※1 J. D. Barrow, F. J. Tipler 'The Anthropic Cosmological Principle.' Oxford: Oxford University Press (1986).
※2 ジョン・D・バロー『宇宙の定数』松浦俊輔訳, 青土社, 2005年.
※3 S. Ray, U. Mukhopadhyay, P. P. Ghosh, "Large Number Hypothesis: A Review", arXiv:0705.1836[gr-qc]
※4 S . Truppe, R. J. Hendricks, S. K. Tokunaga, H. J. Lewandowski, M. G. Kozlov, C. Henkel, E. A. Hinds and M. R. Tarbutt, Nature
Communications **4**: 2600 (2013) .
※5 T. Rosenband, et al., "Frequency Ratio of Al+ and Hg+ Single-Ion Optical Clocks; Metrology at the 17th Decimal Place".
Science. **319** (5871): 1808–12 (2008) .
※6 J. Bagdonaite, P. Jansen, C. Henkel, H. L. Bethlem, K. M. Menten, W. Ubachs, "A Stringent Limit on a Drifting Proton-to-Electron
Mass Ratio from Alcohol in the Early Universe". *Science*. **339** (6115): 46–48 (2012) .
※7 J. Mould, S. A. Uddin, "Constraining a Possible Variation of G with Type Ia Supernovae". Publications of the Astronomical Society of Australia. **31**: e015 (2014) .

Chapter 20

微調整問題は何を意味しているのか

微調整問題とマルチバース論

本書では，宇宙を支配している物理法則や宇宙の性質の中に含まれる，理論的に値を決めることのできないパラメータについてのべてきた．そのパラメータの値は，なぜか宇宙に人間が生きていくのにちょうどよい値に微調整されていることを見てきた．

なぜそんな都合のよい宇宙が作られたのか，というのが宇宙の微調整問題だった．この問題は，宇宙の存在とは何なのかという問題と切っても切れない関係にある．宇宙が人間を誕生させなければならなかった理由とは何だろう．

微調整問題を本気で解決しようとしたとき，奇妙ではあっても考えやすい考え方の一つは，マルチバース論である．私たちの住んでいる宇宙は唯一無二のものではなく，いろいろなパラメータをランダムに持った宇宙が無数に存在するという考え方だ．

マルチバース論が正しく，充分に多様な宇宙が無数に存在すれば，どんなに小さな確率であっても，どこかには人間に都合のよい宇宙ができるだろう．無数の宇宙があれば，そうした特別な宇宙がどこかにはあるはずだ．

マルチバース論にも，いろいろな種類がある．米国の物理学者マックス・テグマークの分類によると，マルチバース論はレベルⅠからレベルⅣまでに分類できるという[※1]．

レベルⅠマルチバースでは，私たちに観測可能な宇宙の範囲が有限であることから生じる．観測可能な範囲を超えた先には，空間的にはつながっているが，私たちとは重ならない別の観測者にとっての観測可能な宇宙があるだろう．ただし，この場合には物理定数などのパラメータは変化していないと思われるので，微調整問題の解決にはならないかもしれない．

レベルⅡマルチバースは，宇宙の中に異なるインフレーションを経験した場所があることで生じる．インフレーションとは，宇宙初期に起きたとされる仮説的な急膨張のことで，異なるインフレーションを経験した宇宙では，その中の物理パラメータの値が異なるとも考えられるのだ．

レベルⅢマルチバースは，量子力学的な世界観から生じる．ミクロの世界では不確定性関係により物理的な量が一つに定まらないのだった．これは，あり得る現実が重なり合って存在するためだという解釈がある．人間が観測するたびに一つの現実が選びとられ，宇宙が多数の世界に分岐していくことになるというのだ．量子力学の多世界解釈とよばれている．この解釈に基づくと，宇宙はその歴史の中で異なるパラメータを持つ無数の宇宙に分裂してきたとも考えることができる．

レベルⅣマルチバースは，数学的に表すことのできる宇宙のすべてが存在するという究極のマルチバースだ．それがどうしてできたのかということは問題にしない．とにかく可能なことは何でもある，という太っ腹な考え方である．

マルチバース論が正しければ，微調整問題は解決だ．人間は人間が生きられるところに生まれたという当たり前の話になる．ただ，その代償として人間がいない宇宙を無数に考えなければならない．膨大な無駄の上に人間が生まれたことになる．

マルチバース論は微調整問題の解決法として確かに説得力

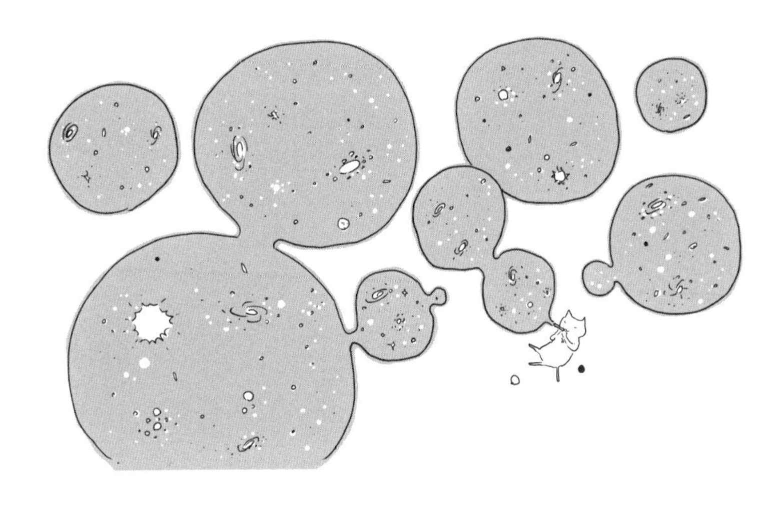

マルチバース論のように複数の宇宙は本当に存在するのだろうか？

があるが，検証することが非常にむずかしい．原理的にほかの宇宙が観測不可能だった場合，それを存在しているといってよいのだろうか．観測不可能な別宇宙の存在を仮定すればよしとするのは，安易に過ぎるという気もする．そこで，微調整問題の解決に対する別の可能性も考えてみよう．

この世界は幻想か

チャプター18では空間や時間の次元について取り上げたが，空間や時間の本質というのは物理学でもなかなか厄介な代物だ．物質とは異なり，直接見たり触ったりできない．私たちは直感的に空間や時間が存在すると考えているが，それらは出来事を指し示す数字でしかなく，その実体を見せろといわれても，まさに雲をつかむような話だ．

この世界がもしシミュレーション（仮想現実）上のものであるなら，SF映画のように現実世界では人間とコンピュータによる戦争が繰り広げられているかもしれない．

とくに時間については，過去から未来へ流れるという奇妙な性質を持っている．だが，時間が流れるという性質は，物理学の理論の中には対応するものがない．

時空間を物理学で扱うことができる一般相対性理論においても，時間とは単なる出来事を表すラベルでしかないのだ．

時間がなぜ流れるのかというしくみまで明らかになっているわけではない．どんな物理学理論の中でもそれはまったく明らかではない．物理学の方程式に出てくる時間は流れるものではなく，ただそこに横たわっているラベルなのだ．

だが，人間の頭の中には，現在，過去，未来という明瞭な区別がある．客観的に見れば時間は過去から未来へ流れるともいえるし，主観的に見れば時間は未来からやってきて過去へ押し流されていくともいえる．物理学の理論の中には，そのような性質を時間が持つべき理由がないのだ．

時間というのは人間が頭の中で作り出した幻想ではないのか，とも思えるのである．時間がもし幻想ならば，空間も幻想であろう．相対性理論によれば，時間と空間は一体化したものだからだ．もし時間も空間も人間の頭の中で作り出した幻想であるならば，この世界そのものが幻想であるということにもなる．この世界は見かけの世界であって，その裏にもっと本質的なものが隠されているのでないか．

もしそのようなことがあるのなら，宇宙の微調整問題に対する見方も変わってくる．目に見える世界が人間の頭の中で作り出した幻想に過ぎないのなら，そんな世界に見出される物理の法則とそれに付随する物理定数，また宇宙を形作るパラメータは人間に都合のよいものになっているのは当然だ．物理法則も含めたこの見かけの世界は，人間の頭の中に作り上げられたものだからだ．

この世界の本質は見かけ上の世界を超越したところにあるのかもしれない．少なくとも，相対性理論や量子論は，観測者と無関係に存在する世界という直感的な考えが正しくないことを明らかにした．相対性理論は観測者の運動状態によって時間と空間が変化することを明らかにしたし，量子論は観測者の存在が世界の状態を決定づけるのだと明らかにした．

つまり，人間という観測者を自然界と独立に考えることはできないのである．観測者である人間が，物理法則の成り立つ理由にもっと積極的に関与している可能性があるのかもしれない．つまり，宇宙の本質は見かけ上の姿とはかけ離れたところにあって，物理法則はその見かけ上の姿を人間が理解しようとするときに現れてくる2次的なものかもしれないということである．

こういうことが正しければ，微調整問題，つまり宇宙のパラメータが人間にとって都合よく選ばれていることも見かけ上の問題になる．さらには，そういうパラメータを含む物理法則そのものが成り立つことも見かけ上の問題になる．微調整問題を不思議に思うのは，見かけ上の世界の裏に隠されている宇宙の本質をまだ人間が見抜けていないだけなのかもしれない．

人間はシミュレーション宇宙に住んでいる？

人間の住んでいる世界が見かけ上のものだとすると，その実体はなんなのだろうか．人間が世界を把握するのは，脳の中の情報処理の結果である．膨大な情報処理の過程で，時間や空間を持つ宇宙という見かけ上の姿が出てくるとすると，世界の本質は情報だということになる．これはチャプター1で少し取り上げたジョン・ホィーラーの考え方である[※2]．

その情報はどう処理されているのだろうか．ここで，この宇宙が私たちよりも高度な知性によってシミュレーションさ

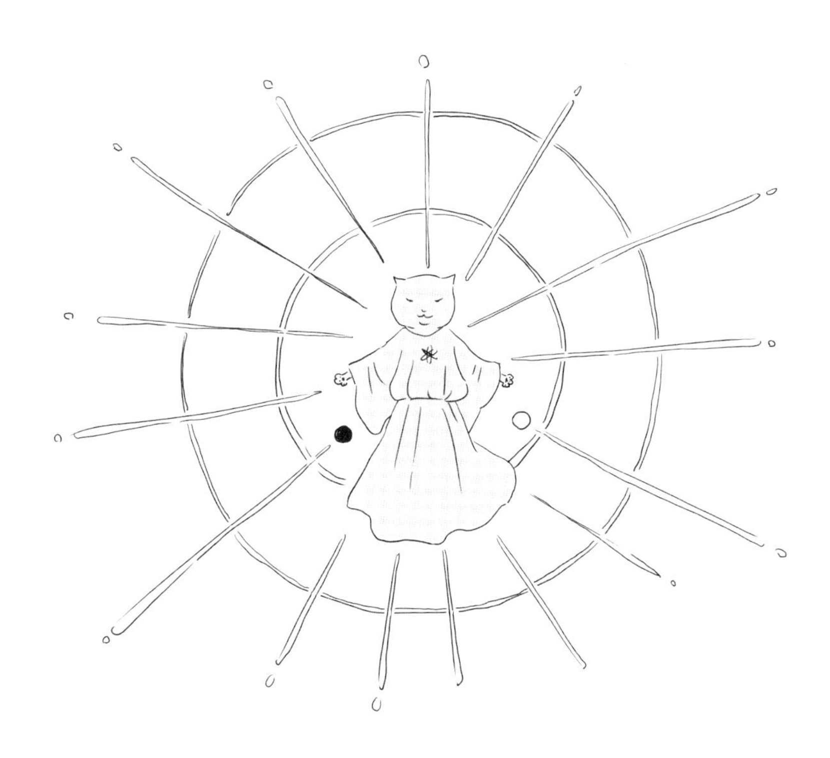

宇宙を創ったのは，本当に神様なのかもしれない．それぐらい，この
宇宙のパラメータは完璧に調整されている．

れているのではないか，という恐ろしい可能性に突き当たる．

私たちがコンピュータで現実世界をシミュレーションするとき，コンピュータ上に3次元空間を擬似的に作り出す．だが，その3次元空間は実際に存在するものではなく，その実体はコンピュータのチップ上に繰り広げられる情報処理によって現れる，見せかけの存在だ．

もしこの世界がシミュレーション宇宙ならば，それを行っている超知性ともいうべきものは宇宙のパラメータを自在に操ることができる．彼らがシミュレーション宇宙の中でうまく人間という知性が生まれるようにパラメータを試行錯誤で選んだとすれば，マルチバースを仮定することには意味がなくなる[※3]．

その超知性は，シミュレーション宇宙をできるだけ効率よく作り出そうとするだろう．宇宙の法則は基本的なところで単純な形をとっているが，それも人間を生み出すという条件のもとでシミュレーションの効率化を図ってのことではないか．

シミュレーション宇宙を効率よく動かそうとすれば，人間に見えている世界のほかの部分は計算を省略してしまう方がよい．シミュレーション宇宙は人間に観測可能な範囲の宇宙だけで充分だ．それ以外を考えることは効率的ではない．

筆者もこの宇宙がシミュレーション宇宙だと本気で信じているわけではないが，そういう可能性が否定できないことも事実である．超知性のようなものを持ち出してくると神がかってくるが，見かけ上の世界は何か別のものから現れ出てきた仮想現実の可能性があるという意味では示唆的であろう．

※1 Tegmark, Max (May 2003) . "Parallel Universes". Scientific American. Vol. 288. pp. 40-51.
※2 J. A. Wheeler, 'Information physics, quantum; The search for links', in Complexity, Entropy, and the Physics of Information, SFI Studies in the Sciences of Complexity, vol. VIII, W. H. Zurek (ed.) , Addison-Wesley (1990) .
※3 P. Davies, 'Universe galore: where will it all end?', B. Carr (ed.) Cambridge University Press (2007)

あとがき

筆者は，小さなころからこの世界がなぜ存在しているのかを気にかけるような，変わった子供でした．それが昂じて物理学の道を志すようになったのですが，その動機は極めて素朴なものでした．この世界はどういう仕組みで成り立っているのだろうか，という疑問がその動機です．このような疑問は，誰でも小さな子供のころには持っていたのではないでしょうか．しかし，いつしか当たり前のこととして受け入れ，それぞれの人生を歩んできたのではないかと思います．とはいえ，こうした基本的な疑問が頭をよぎることもたまにはあるでしょう．

現在の物理学をすべて学んだとしても，この世界がなぜ存在するかという疑問にはっきりとした答えが見つかるわけではありません．物理学は，どのように世界が存在しているか，を調べる学問であり，その面では素晴らしく発展しています．しかし，なぜ存在するか，という疑問を発した途端に答えを見つけることが極端に難しくなります．そもそも存在とはなんなのか，という哲学的な疑問に沈んで行き，科学の範疇から離れていってしまうのです．

したがって，私の子供のころからの疑問はいまだに解けないままです．しかし，今となってはそれはそれでよいと考えています．物理学の知識を持つことで，そうした答えの出ない疑問をますます楽しんで考えることができるようになったからです．おそらく私が死ぬまで楽しむことができます．

本書では，理論的に決めることのできないパラメータの値の不思議を中心にお話ししてきました．本書を通じて言いたかったことは，現代の物理学の知識を持って世界を眺めると，なぜ世界が存在するのかという難問にも，考える緒(いとぐち)が見えてくる，ということです．物理学を本格的に学ぶのは大変でも，あれこれ考える端緒となる事実の一端を知ることで，読者にも筆者の楽しみが少しでも伝わったとしたら幸いです．

まえがきにものべたとおり，本書の内容は『月刊天文ガイド』に連載されたものですが，この連載をもとに単行本を出すことは当初の企画段階から予定されていました．雑誌に連載するのは私にとって初めてのことだったため，毎月の締め切りに遅れないように早め早めの執筆を心がけた結果，なんとか無事に予定していた連載を終え，単行本化にこぎ着けることができました．この間，誠文堂新光社編集部の庄司 燈氏には，編集作業に加えてイラスト案を考えていただくなど，あらゆる面でお世話になりました．また，くれよんカンパニーさんに描いていただいたイラストには毎月癒されました．この場を借りて，お世話になったすべての方々に感謝したいと思います．

松原隆彦

松原隆彦

高エネルギー加速器研究機構，素粒子原子核研究所・教授．博士（理学）．京都大学理学部卒業．広島大学大学院博士課程修了．東京大学，ジョンズホプキンス大学，名古屋大学などを経て現職．主な研究分野は宇宙論．2012 年度日本天文学会第 17 回林忠四郎賞受賞．著書は『現代宇宙論』（東京大学出版会），『宇宙に外側はあるか』（光文社新書），『宇宙の誕生と終焉』（SB クリエイティブ）など多数．

装丁・デザイン
草薙伸行
(Planet Plan Design Works)
イラスト
くれよんカンパニー

この世界を創った奇跡のパラメータ 22
なぜか宇宙はちょうどいい

2020 年 11 月 15 日　発　行　　NDC440

著　者　松原隆彦
発行者　小川雄一
発行所　株式会社 誠文堂新光社
〒113-0033 東京都文京区本郷 3-3-11
［編集］電話 03-5805-7761
［販売］電話 03-5800-5780
https://www.seibundo-shinkosha.net/
印刷所　星野精版印刷 株式会社
製本所　和光堂 株式会社

ISBN978-4-416-62038-0